超固结膨胀土的卸荷力学特性
与堑坡失稳机制研究

李新明　著

黄河水利出版社
·郑 州·

内 容 提 要

本书结合相关研究工作,以人工开挖膨胀土堑坡变形和失稳破坏为背景,以南阳膨胀土为研究对象,采用室内试验、理论分析和数值模拟的方法,重点研究了卸荷速率与路径影响下的超固结膨胀土工程特性演化规律,初步建立了考虑卸荷应力速率影响的膨胀土实用模型,将其在 FLAC3D 二次开发平台上实现后,对膨胀土边坡稳定性进行了分析计算,探讨了超固结应力释放对膨胀土边坡的作用机制,为考虑超固结性影响的膨胀土边坡稳定性与灾害防治提供了参考。

本书可供从事特殊土土力学、岩土工程的技术人员、科研人员和高等院校相关专业师生学习参考,也可作为土木工程、水利工程、地质工程等专业研究生的参考用书。

图书在版编目(CIP)数据

超固结膨胀土的卸荷力学特性与堑坡失稳机制研究/
李新明著. —郑州:黄河水利出版社,2023.5
ISBN 978-7-5509-3576-1

Ⅰ.①超… Ⅱ.①李… Ⅲ.①膨胀土-土力学-研究
②膨胀土-路堑-稳定性-研究 Ⅳ.①TU475②U416.1

中国国家版本馆 CIP 数据核字(2023)第 095899 号

责任编辑	李洪良	责任校对	兰文峡
封面设计	黄瑞宁	责任监制	常红昕

出版发行　黄河水利出版社
地址:河南省郑州市顺河路 49 号　邮政编码:450003
网址:www.yrcp.com　E-mail:hhslcbs@ 126. com
发行部电话:0371-66020550
承印单位　河南新华印刷集团有限公司
开　　本　787 mm×1 092 mm　1/16
印　　张　10.5
字　　数　243 千字
版次印次　2023 年 5 月第 1 版　　　　2023 年 5 月第 1 次印刷
定　　价　65.00 元

前　言

　　膨胀土在我国分布广泛,是一种富含蒙脱石、伊利石等强亲水性黏土矿物的特殊高塑性黏土。独特的胀缩性、裂隙性和超固结性等导致其工程性质较差,因此该类土一度被工程界称为"癌症"。近年来,随着我国"一带一路""南水北调"等国家战略的推进实施,在膨胀土地区开展的许多工程项目都将遇到开挖卸荷膨胀土边坡失稳、滑塌等工程问题。膨胀土边坡失稳除受胀缩性和裂隙性影响外,超固结性(地层的水平应力大于垂直应力)的影响也不容忽视。尤其是开挖卸荷过程,其较一般黏性土水平应力的释放效应更加显著。系统研究超固结膨胀土的卸荷力学特性,可深化膨胀土"三性"(胀缩性、裂隙性和超固结性)之一超固结性的认识,揭示卸荷诱发超固结膨胀土堑坡失稳机制,为膨胀土堑坡失稳问题的解决提供新的思路,同时为膨胀土边坡工程灾害预测及科学防治提供理论依据,亦可为优化膨胀土堑坡工程施工、设计提供借鉴参考,服务膨胀土地区国家和地方重大需求。

　　本书结合国家自然科学基金项目"卸荷路径下超固结膨胀土的力学特性与水化时间效应(51509274)"、河南省研究生教育改革与质量提升工程项目"边坡与支挡结构(YJS2022SZ16)"等研究工作,以人工开挖膨胀土堑坡变形和失稳破坏为背景,以南阳膨胀土(南水北调膨胀土渠附近)为研究对象,采用室内试验、理论分析和数值模拟的方法,重点研究了卸荷速率与路径影响下的超固结膨胀土工程特性演化规律,初步建立了考虑卸荷应力速率影响的膨胀土实用模型,将其在FLAC3D二次开发平台上实现后,对膨胀土边坡稳定性进行了分析计算,探讨了超固结应力释放对膨胀土边坡的作用机制,为考虑超固结性影响的膨胀土边坡稳定性与灾害防治提供了参考。

　　本书的主要研究内容与研究成果如下:

　　(1)在开展南阳膨胀土基本物理力学特性的相关试验的基础上,通过GDS应力路径三轴仪,探讨了卸荷速率、卸荷路径、固结方式及超固结比对膨胀土力学特性的影响规律,并引入新的速率参数$\rho_{0.02}$进行定量评价超固结膨胀土的卸荷速率效应。

　　(2)开展考虑卸荷速率损伤和固结状态的原状膨胀土三轴不排水剪切试验,对相同卸荷幅度、不同卸荷速率下的膨胀土样损伤程度进行分析,探讨其与强度、变形特性、变化规律的关联性。以膨胀土破坏强度所得损伤度低估了卸荷速率对膨胀土的损伤程度,建议采用孔隙水压力峰值强度进行膨胀土边坡设计计算。

　　(3)利用常规三轴试验系统,开展考虑卸荷时间与卸荷幅度的膨胀土三轴不排水剪切试验,研究其强度与变形特性随卸荷间歇时间的演化规律。最后,对其剪切强度随卸荷时间的演化机制进行分析,建议膨胀土边坡开挖后及时支护。

　　(4)按照应力状态重塑的思想,通过室内改进常规三轴系统,模拟边坡开挖、支护前后的应力状态重塑过程,分析卸荷-应力状态重塑膨胀土力学特性强化的演化规律;在此基础上,利用CT-三轴试验系统对其不同固结阶段及剪切阶段膨胀土样进行微观机制分析。

(5)在分析邓肯-张模型的基础上,进行了考虑初始偏应力的改进邓肯-张模型的推导。基于膨胀土考虑应力速率时的相关试验结果,建立了符合各自固结方式及剪切路径的改进邓肯-张应力-应变关系式,并对该经验模型进行了验证。

(6)利用FLAC3D程序自带的FISH语言将改进邓肯-张模型进行二次开发后,在FLAC3D软件中进行了考虑卸荷速率及初始固结状态的膨胀土边坡稳定性计算与分析,初步揭示了卸荷路径、卸荷速率及固结方式对边坡安全系数的影响规律。

本书共分8章,主要内容包括:第1章绪论,介绍了研究的背景与意义,从土的时间效应、膨胀土的超固结性及膨胀土堑坡稳定性方面总结了国内外研究现状,提出了主要研究内容;第2章超固结膨胀土的卸荷力学特性,研究了膨胀土超固结状态下其强度、孔隙水压力及应力路径的应力速率效应,深化了对于膨胀土超固结性的认识;第3章卸荷损伤原状膨胀土剪切力学特性,分析了开挖卸荷速率影响膨胀土卸荷损伤程度及其与膨胀土裂隙性的关联性;第4章超固结膨胀土力学性状的时间效应,探讨了膨胀土经历不同卸荷水平后其力学特性随时间的演化规律;第5章超固结膨胀土应力状态重塑的力学特性,对比分析了应力状态重塑前后膨胀土的强度及变形的变化模式;第6章考虑卸荷速率的膨胀土应力-应变行为,建立了不同固结方式与应力速率下膨胀土的实用本构模型;第7章超固结膨胀土堑坡稳定性分析,研究了不同卸荷速率和固结方式影响下膨胀土边坡的力学响应;第8章结论与展望。

在本书的撰写过程中,得到了中国科学院武汉岩土力学研究所特殊土力学组等的大力支持与指导,在此表示感谢!

由于作者的水平有限,书中难免存在不妥之处,敬请读者批评指正。

作 者
2023 年 3 月

目　　录

第 1 章 绪 论

1.1 研究背景与意义

膨胀土是一种富含强亲水性黏土矿物,同时具有吸水显著膨胀软化和失水收缩硬裂两种特性的特殊土,更是工程性状独特的高塑性黏土。因其对工程建设的持续、反复破坏,被称为"难对付的土"或"有问题的土",甚至被工程界称为"癌症"。它在世界范围内分布极广,迄今发现存在膨胀土的国家达 40 多个,遍及六大洲。膨胀土在我国分布范围较广,先后有 20 多个省、市和自治区发现有膨胀土,总面积在 10 万 km^2 以上。膨胀土的工程问题已成为世界性的研究课题,引起了各国学术界和工程界的高度重视。自 1965 年在美国召开首届国际膨胀土会议之后,国际工程地质大会与国际土力学及基础工程大会等都将膨胀土工程问题列为重要的议题。我国也曾于 1989 年召开过一次全国膨胀土学术会议及若干研讨会,讨论膨胀土的基本性质、工程地质灾害与防治等问题。英国、苏联、美国及中国等都先后组织力量专门研究膨胀土的工程性质,制定有关的规范,充分反映了各国对膨胀土工程问题的高度重视。

膨胀土具有吸水膨胀、失水收缩和反复胀缩变形、浸水承载力衰减、干缩裂隙发育等特性。常使建筑物产生不均匀的竖向或水平的胀缩变形,造成位移、开裂、倾斜甚至破坏。膨胀土边坡的失稳更是世界性的共同难题,尤其是人工开挖的边坡,开挖之后若不及时采取防护措施,或防护措施不当,易出现局部塌方和滑坡,对铁路、公路、水渠等造成破坏。膨胀土堑坡失稳对工程建设的危害往往具有多发性、反复性及长期性,对其灾害防治十分困难。近年来,在膨胀土地区开展的公路、铁路及南水北调等工程项目如火如荼,遇到的膨胀土问题也越来越多。其危害主要表现在:①对建筑物的危害。对于基础埋深较浅的民用建筑等,出现季节性和成群性的裂缝,严重影响人民生命财产安全。②对道路交通工程的危害。膨胀土地区道路由于含水率等的变化,膨胀土工程性状劣化,导致路面出现波浪形的变形,影响道路行车安全,如合(合肥)宁(南京)高速公路,膨胀土段全线混凝土路面出现开裂、破碎现象,致使高速公路无法正常运行,不得不进行全线维修。③对渠道及人工开挖边坡工程的危害。南水北调中线工程陶岔引水渠在 20 世纪 80 年代开挖后曾发生 13 处大滑坡,这些滑坡不仅严重影响了渠道的正常运行,而且对于它们的治理耗费了大量的资金。此外,在水电工程、矿山开采等也发生过类似的膨胀土工程事故。以南水北调工程为例,南水北调中线工程总干渠全长约 1 432 km,其中总干渠明渠段涉及膨胀土(岩)累计长度约 386.8 km,膨胀土段渠道处理得好坏直接关系到南水北调中线工程的成功与否。因此,深入开展膨胀土基本工程特性的研究是土力学理论发展与工程实践的共同需要。

鉴于膨胀土工程灾害的特殊性与综合治理的紧迫性,虽然各地方政府也高度重视膨胀土地区工程灾害的治理工作,但"边治理,边破坏"现象依然存在;随着国家加大对铁路、公路、水利等基础设施建设的投入力度,膨胀土地区开展的工程项目不断增多,以开挖边坡失稳为代表的膨胀土工程灾害一直没有中断。膨胀土素有"逢堑必滑,无堤不塌"之说,究其原因,是没有深刻认识到引起膨胀土堑坡失稳的影响与制约因素,没有科学理论的指引,膨胀土堑坡失稳灾害无法根治。膨胀土堑坡失稳是内外因多因素综合作用的结果(见图1-1)。膨胀土具有"三性",且相互耦合。目前的研究主要集中于胀缩性和裂隙性方面,如在膨胀土胀缩机制方面,已经建立了物性指标与其胀缩性影响的经验公式,并从物质成分和组构层面进行了探讨,基本弄清了膨胀土的微结构类型,提出了胀缩性理论;裂隙作为影响膨胀土边坡工程的关键因素,对其研究主要集中于裂隙的空间分布和动态演化特征,裂隙的开展发育机制及裂隙对渗流和强度特性的影响;而对膨胀土超固结性的研究由于仪器设备等原因较为滞后,仍以定性描述为主,尚不够系统。膨胀土边坡失稳机制与膨胀土的"三性"密切相关,仅就膨胀土胀缩性和裂隙性对膨胀土边坡稳定性作用机制方面进行的研究尚不全面。因此,研究膨胀土的超固结性对于认清膨胀土"三性"互馈机制及其边坡失稳机制等十分必要。

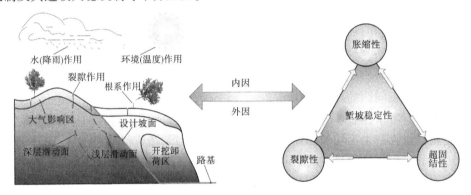

图1-1　边坡稳定性影响因素

膨胀土边坡失稳除受其胀缩性和裂隙性影响外,超固结性的影响也不容忽视。超固结性作为膨胀土的重要特征之一,主要表现为历史卸荷作用导致其土层过去受过的固结压力大于现有的土重压力和其水平应力大于垂直应力。在膨胀土边坡开挖工程中,边坡的形成过程其实就是一个卸载的过程,由于膨胀土具有明显的超固结特性,其卸载过程较一般黏性土水平应力的释放效应更加显著。不同的边坡开挖方式和开挖速率会在土体中产生不同的应力释放路径和释放速率,而边坡开挖的不同程度和支护间歇(放置)时间则与土体中的应力释放水平和释放持续时间相对应。边坡开挖所形成的应力释放对边坡的变形和稳定会造成什么样的影响,目前深入系统的研究工作尚不多见。系统研究人工开挖边坡超固结性的作用机制,不但有助于深化对膨胀土"三性"之一的超固结性的认识,而且对实际工程中膨胀土边坡设计及合理支护等都有着重要的理论意义和工程实用价值。

1.2 土的时间效应

土,尤其是黏性土,具有明显的流变特性,其力学特性与时间关系密切,并会对工程造成显著影响,这早在 19 世纪就被发现。太沙基的固结理论将经典固体力学与土力学正式联系在一起,其中就包括孔隙水压力随时间消散的问题。在 1953 年的第三届国际土力学与基础过程会议上,土体流变力学作为一个独立的土力学分支出现,在随后的几十年,多位学者均在土体流变学方面进行了深入的研究,并且取得了显著的成果。

我国学者对于土体流变特性的认识及研究较早,1959 年陈宗基教授分别从微观和宏观两个层面提出了二次时间效应及黏土的流变本构方程,在土体流变学界影响较大。孙钧所著的《岩土材料流变及工程应用》从土和岩石的岩土介质材料流变形态与解析方法到工程应用等问题均进行了系统的探讨。袁建新(1982)在土体流变本构方面也进行了探讨,并建立了土体的弹黏塑性本构方程,对多个地区的黏土进行了验证分析。

时间对于土强度和变形的影响主要表现在 5 个方面:蠕变、应力松弛、加荷速率、长期强度及弹性后效、滞后效应。其中,常见土力学特性时间效应的研究方法如图 1-2 所示。在膨胀土边坡开挖过程中,大家比较关心的是开挖速率如何选择及边坡开挖形成后何时支护最为合理、有效这两个问题,本书主要就膨胀土力学特性的卸荷速率效应及其随固结时间的变化规律两个方面进行研究。

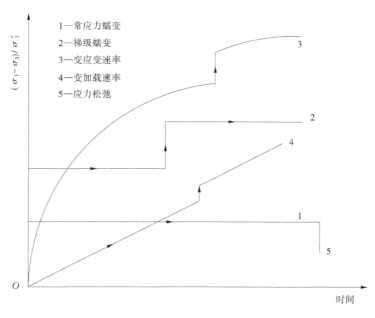

图 1-2 常见土体时间效应试验示意图

1.2.1 土体力学特性的速率效应

一般认为,土体强度随着剪切速率的增加而增加。自从 Taylor(1943)、Casagrande 和

Wilson(1951)引领性的研究工作之后,人们对于土体在不同加荷速率下的力学响应有了初步的认识。随后,多位学者(Crawford,1959;Richardson and Whitman,1963;Skempton,1964;Berre and Bjerrum,1973;Kimura and Saitoh,1983;Sheahan et al.,1996;Zhu and Yin,1999;Zhou,2004;Peuchen et al.,2007)均对该问题进行了深入的研究,取得了一些有益的成果。在过去的几十年,关于土体速率效应的论文也有多篇发表。随着工程建设的推进,对于土体加荷速率响应的研究也更加引起了人们的关注。

对于土体力学特性剪切速率效应的研究,为保证试验过程中土样孔隙水压力的平衡,对于饱和土样均在不排水条件下进行。对于黏性土,根据研究时利用的试验仪器主要有三轴试验、直接剪切试验和固结试验。下面着重就利用三轴仪进行土体速率效应试验研究的相关进展进行论述。

1.2.1.1　不排水剪切强度的速率效应

Bjerrum(1973)对软土利用现场十字板剪切进行了不同速率的相关试验研究,认为速率对土体不排水剪切强度的影响较为显著,并提出了获取合理强度参数的相关建议。Richardson and Whitman(1963)、Alberro and Santoyo(1973)和Vaid and Campanella(1977)的研究结果均清晰地表明,不排水剪切强度与剪切速率呈正相关关系,如对于Saint-Jean-Vianney黏土(超固结土),剪切速率每增加10倍,不排水剪切强度增加5%~10%。Richardson and Whitman(1963)还就土体速率效应的机制给出了一些解释。随后,Graham et al.(1983)、Lefebvre and LeBoeuf(1987)以及Sheahan et al.(1996)对多种黏性土应力-应变关系的速率相关性进行了研究,发现不同土类的强度速率效应有所不同。其中,Graham et al.(1983)发现对于高塑限原状软土,应变速率每增加10倍,其不排水强度增加9%~20%。Kulhawy and Mayne(1990)的研究表明,在对数坐标下,应变速率每增加10倍,其不排水强度增加约10%。Akio Nakase(1986)对不同塑限的黏性土进行了K_0固结(本书中"K_0固结"特指$K_0 = 1.5$)下的不同应变速率时的力学特性研究。Tang(2002)在Sheahan大量三轴试验数据的基础上,进一步分析建立了能够考虑OCR和应变速率的本构方程,并进行了试验验证。Sorensen et al.(2007)对超固结London clay和水泥固化高岭土的时间效应进行了深入的研究,发现土体结构会对其应变速率效应产生一定的影响。另外,极个别学者进行了高速率(最高达106%/h)下的强度特性研究。

国内学者也对土体力学特性的速率效应进行了系统的研究。姜洪伟等(1997)利用真三轴试验系统对不排水抗剪强度各向异性与剪切速率的相关性进行了研究。Zhu et al.(1999)对多种黏土进行了应变速率相关试验,得到了不排水强度与应变速率的一般规律,即应变速率每增加10倍,不排水抗剪强度增加9%~20%;引入剪切强度参数$\rho_{0.1}$和ρ_{ε}来定量描述应变速率对其不排水强度的影响。李建中等(2005)对3种日本黏土的黏塑性研究发现,一个新的描述黏性土黏塑性的参数β可以用来描述黏性土的黏塑性。高彦斌等(2005)对国内外应变速率对于黏性土不排水剪切强度的影响规律的研究成果进行了总结分析,在此基础上提出了一个可以反映应变速率的黏弹塑性本构模型。蔡羽等(2006)研究了剪应变速率对湛江结构性黏土力学特性的影响,发现其具有临界速率现象,对其影响机制进行了深入的分析,认为这与湛江软土具有的强结构性有关。王军等(2008)对杭州饱和软黏土加荷速率和初始剪应力耦合作用下的力学特性进行了研究。

张冬梅等(2008)对于经历不同应力历史的软黏土的速率效应研究表明,应变速率对于其强度、有效应力路径等均有一定的影响,其对被动压缩路径下不排水强度的影响较被动挤伸路径下显著。

此外,有些学者也利用环剪仪对土的剪切速率效应进行研究。孙涛等(2009)对超固结黏土的速率效应进行研究后发现,速率对于超固结土的残余强度基本没有影响,但达到残余强度所需剪切位移会随剪切速率的增加而有所不同。胡显明(2012)通过室内环剪试验对滑带碎石土进行了不同剪切速率下的力学特性的研究,并基于宾汉模型建立了不同剪切速率下滑带土的强度准则。

黏性土的速率效应的相关研究结果较多(见表1-1)。为定量研究应变速率对于土体不排水剪切强度的影响,Graham et al. (1983)提出了利用应变速率参数$\rho_{0.1}$来分析应变速率每增加10倍不排水强度的增加值,即该强度增加值通过相对于剪切速率为0.1%/h时所对应的不排水剪切强度的百分比来进行表述。类似地,Sheahan et al. (1996)引入了一个更加普适的应变速率参数$\rho_{\dot{\varepsilon}_{a0}}$(%):

$$\rho_{\dot{\varepsilon}_{a0}} = \frac{\dfrac{\Delta S_u}{S_{u0}}}{\Delta(\lg\dot{\varepsilon}_a)} \times 100 \qquad (1-1)$$

式中:$\dot{\varepsilon}_{a0}$为参考应变速率;S_{u0}为参考应变速率下的不排水剪切强度;ΔS_u为应变速率在对数坐标下的增加值相对应的不排水强度的增加值。目前,该应变速率参数已经在正常固结土中得到了广泛的应用。

表 1-1　土体典型速率效应试验结果汇总

作者	土样类型	应变速率	试验类型	超固结比
Richardson and Whitman(1963)、 Richardson(1963)	MississippiValley alluvial clay	(0.12~60)%/h	CIUC	1,16
Alberro and Santoyo(1973)	Mexico City clay	(0.045~94)%/h	CIUC	1,1.8
Berre and Bjerrum(1973)	Drammen clay	(0.001 4~35)%/h	CAUC	1,1.5
Vaid and Campanella(1977)	Haney clay	(0.01~670)%/h	CIUC	1
Graham,Crooks,and Bell(1983)	Various clays	(0.02~16)%/h	CIUC CAUC	
Lefebvre and LeBoeuf(1987)	Various clays	(0.05~132)%/h	CIUC CAUC	1
Sheahan,ladd, and Germaine(1996)	Resedimented Boston BlueClay(BBC)	(0.05~50)%/h	CK_0UC	1,2,4,8
Lefebvre and Pfendler(1996)	a sensitive clay	(3 450~4 000)%/h	—	2.2
Vaid and Campanella(1997)	Haney clay	$(5×10^{-3}~10)$%/h	CIUC CAUC	1

续表1-1

作者	土样类型	应变速率	试验类型	超固结比
Zhu(1999), Zhu and Yin(2000)	Hong Kong marine clay	(±0.15~±15)%/h	CKUC CKUE	1,2,4,8
Zhou(2004)	Hong Kong marine clay	(±0.2~±20)%/h	CKUC CKUE	1
Tatsuoka(2006)	Various clays	(0.000008~0.05)%/h	CIUC	1,2,3
Sorensen et al.	London clay	(0.078~2.6)%/h	CIUC	1,5,7

对于超固结黏土,其速率效应的相关研究较少。Richardson and Whitman(1963)发现应变速率对于超固结土的强度的影响较正常固结土大。Vaid et al.(1979)对超固结的Saint-Jean-Vianney clay 进行了固结不排水剪切试验。结果表明,应变速率每增加10倍,峰值偏应力增加约12.5%。Graham et al.(1983)发现超固结比(OCR)对于速率效应不敏感,并将其他学者的相关研究进行了系统的总结(见图1-3)。然而,Sheanhan et al.(1996)研究 Boston blue clay(BBC)时发现,应变速率参数 $\rho_{\dot{\varepsilon}_{a0}}$ 随着超固结比的增加而减小;认为在小超固结比(1和2)时,抗剪强度增加是由于抑制剪切所导致的孔隙水压力和有效内摩擦角的增加,而对于大超固结比时,强度包线与速率是不相关的。因此,强度的增加是由于剪切所致的超孔隙水压力的减小造成的。Yin et al.(2002)对香港软黏土的速率效应进行了系统深入的研究,得出超固结比由1增至8时,在被动压缩下应变速率参数为5.5%,而被动挤伸路径下为8.4%,提出了描述超固结土不排水强度速率效应的新参数,并进行了验证;同时建立了能够考虑正常固结和超固结的弹黏塑性本构模型。

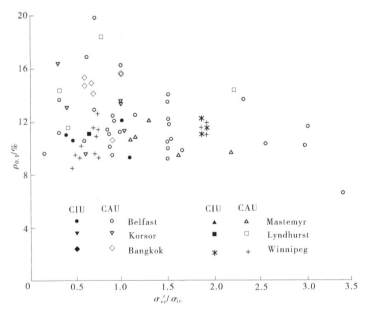

图1-3 超固结比对强度速率参数的影响

经典的不排水强度比与剪切速率的关系曲线如图1-4所示,表明不同土类的强度速率效应不尽相同。就土类而言,目前的研究多集中于速率效应明显的软黏土,也有一些学者对砂土进行了相关研究;就试验路径而言,主要集中于常规三轴压缩路径。大自然中的土类千差万别,需对不同土类的速率效应进行系统研究,从而为工程实践服务。此外,对于超固结黏土速率效应的相关研究积累还比较少,超固结比对于强度速率效应的影响机制尚需进一步研究。

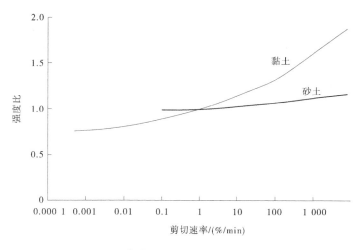

图 1-4　经典的强度比与剪切速率的相关关系

1.2.1.2　孔隙水压力的速率效应

　　不排水剪切强度与剪切过程中的孔隙水压力密切相关。由于孔隙水压力测试的滞后性等因素,目前对于孔隙水压力与应变速率的规律性研究尚未形成定论。大部分研究学者认为,在常规三轴剪切过程中,剪切速率越小,孔隙水压力越大。Casagrande and Wilson(1951)、Crawford(1959)、Richardson and Whitman(1963)、Sheahan et al. (1996)及其他学者均认同前述结论。Casagrande and Wilson(1951)认为,剪切强度的应变速率效应可能与剪切过程中的孔隙水压力有关。Richardson and Whitman(1963)、Sheahan et al. (1996)认为随着剪切速率的增加,孔隙水压力的减小和剪切强度的增加是相辅相成的。

　　然而,Alberro and Santoyo(1973)发现,对于墨西哥城市黏土,孔隙水压力与应变速率基本不相关。Lefebvre and LeBoeuf(1987)的研究表明,应变速率对于剪切破坏前孔隙水压力的发展影响较小,但在剪切破坏后(类似于重塑土),孔隙水压力在较小的应变速率时其孔隙水压力较高,认为孔隙水压力的表现之所以不同是因为土体结构不同。

　　我国学者在研究土体强度的速率效应时也发现,孔隙水压力随剪切速率的变化规律不尽相同。Zhu et al. (1999)在对香港黏土的研究中也发现了应变速率越小,孔隙水压力越大的变化规律;但同时发现剪切速率对于孔隙水压力的影响在压缩路径和挤伸路径下是不同的。张冬梅等(2008)的研究表明,孔隙水压力的变化规律与剪切速率的相关关系不明确。

　　从前述研究中可以发现,多位学者对不同土体力学特性的剪切速率效应进行了深入的研究,并且在一些问题上达成了共识,但可以发现,目前对于土体力学特性的速率效应研究在以下几个方面尚不充分:

（1）应变速率参数的影响因素较多，土性是其中之一，但目前的研究主要集中于软黏土。由于软黏土具有较强的流变特性，应变速率对于其不排水剪切特性的影响较为显著。而砂土的黏结性相对较小，其受剪切速率的影响相对较小。即"时间对于土体力学特性的影响主要体现在其黏聚力 c 上，而其内摩擦角 φ 则与剪切速率基本无关"。硬黏土作为一类特殊的黏性土，其速率效应也较显著且已得到了一些学者的重视（如 London clay、Saint-Jean-Vianney clay 等），但其研究尚需加强。

（2）剪切路径对于土体力学特性的应变速率效应也有一定的影响。已有研究结果表明，应变速率参数具有路径相关性，这就需要根据实际工程工况，确定合理的剪切路径，但目前的研究主要集中于常规三轴压缩路径。

（3）目前实际工程中的开挖或者填筑均为应力速率问题，而现在的研究主要集中于应变速率方面，这也引起了一些学者的注意，并已进行了相关研究。同时，应力历史（超固结比和固结方式等）是影响土体力学特性的一个重要方面，但应力历史和剪切速率耦合作用下的土体响应方面的研究仍较少。

1.2.2　土体力学特性与固结时间的关联性

蠕变特性作为土体时间效应的一个重要方面，多位学者（Singh and Mitchell，1968；Duncan and Buchignani，1973；Vaid and Campanella，1977；Tavenas et al.，1978；Silva et al.，1991；Schmertmann，1991；Tian et al.，1994；Nicholson et al.，1996）对这一古老而经典的课题进行了研究，主要考察的是不同应力水平时应变与时间的关系曲线，从而确定破坏时间或蠕变速率等。本书所研究的固结时间效应是指土体在一定固结压力（等压或偏压）下，经历不同该固结时间后土体力学特性的变化规律，也可称为狭义的"蠕变"，更加突出的是土体短期内的时效特性。

现场土体的强度及模量等均随固结时间的增加而增大，如正常固结土在一定压力下固结，当超孔隙水压力完全消散时，主固结已经完成，但如果此压力长时间继续施加，由于土体的流变性而发生次固结会使其继续压缩变密，黏土颗粒间进一步接近，使粒间力加强，从而具有更高的强度和模量，这是在较大的时间范畴内形成和实现的。实际工程中，土体加荷或卸荷后，仍会在一定时间范围内维持该应力状态不变，该时间范围内土体力学特性的时间效应会对工程安全等产生一定影响。该影响主要分为两个方面：一方面是土体扰动后经历一定的重新固结时间后，其强度会恢复到扰动之前或更高（更小）；另一方面是未扰动土体的强度等会随维持该固结应力的时间的增加而增大（减小）。本书中所述的"时效性"主要就这两方面的影响进行讨论。

在土体固结时间效应方面，有些学者对现场土体进行了相关试验研究。Mitchell（1984）和 Schmertmann（1989）分别在太沙基讲座上做了"Practical Problems form Surprising Soil Behavior"和"The Mechanical Aging of Soils"的报告，就土体的时间效应进行了详细的论述。Mitchell and Solymar（1984）的现场 CPT 试验表明，经历了动力扰动的土体9 d 后的 CPT 指标略小于动力扰动前，而11 周后的土体贯入阻力比动力扰动前高25%。我国学者对于土体强度恢复方面也进行了一些研究。《桩基工程手册》中，对于不同休止期桩的承载力研究表明，休止期越长，由于土体的重新固结，其承载力越大；休止期171 d 后，承载力提高约 12%。郑刚等(2003)在对桩基承载力研究中发现,打桩后随着时间的增长,桩基承载力会有一定的提高。

在固结时间效应室内试验研究方面,Daramola(1980)对 Ham River 的砂土在 400 kPa 围压下进行了一系列三轴试验(试样尺寸 38 mm×80 mm),分别固结 0、10 d、30 d 和 152 d 后进行剪切,试验结果表明,随着固结时间的增加,应力应变线变陡,且破坏应变变小。Kazuya Yasuhara and Syunji Ue(1983)对 Ariake clay 的研究也得到了类似的结论。Skempton 从中也发现,固结 30 d 和 150 d 后,其割线模量增加了 60% 和 100%,但摩擦角基本不变,为 39.0°~39.5°。Lade et al.(1997)通过一系列高压三轴试验研究砂土的固结时间效应,分别固结 0、2 min、20 min、200 min 和 1 690 min 后进行剪切,研究结果表明,固结时间越长,土体初始刚度越大,同时发现强度越大,孔隙水压力越小。Gananathan(2002)、Chun Kit Keith Lam(2003)也有类似的发现。

我国学者也对土体的固结时间效应进行了相关研究。梁燕等(2007)对黄土在不同固结历时后进行常含水率剪切试验,得到了不排水剪切强度与固结时间的基本规律。周健等(2002)对卸荷固结时间对于软土强度的影响进行了研究,发现卸荷后再固结时间越长,不排水强度越大。徐浩峰(2003)在研究基坑开挖前后其不排水剪切强度变化规律的基础上,提出了能够考虑应力路径的饱和软黏土应力应变时间关系曲线,并进行了实例验证。

土体固结时间效应的研究已经进行了几十年,取得了一系列丰硕的研究成果。无论是砂土还是黏土,研究结果均表明其力学特性(强度、模量等)与固结时间紧密相关。就其机制的研究也已较深入,对于工程实践产生了较好的指导作用。固结方式对于土体的力学性质有较大的影响。但目前研究土体固结时间效应的固结方式大多采用的是等压固结($K_0 = 1.0$)方式,符合实际工程土体工况的 K_0 固结的研究较少,膨胀土特殊的超固结方式和固结时间相耦合作用后的力学特性变化规律不得而知,而这直接关系到膨胀土边坡开挖形成后的稳定状态及合理支护时间的选择。膨胀土在经历不同卸荷幅度及不同固结方式后,其不排水剪切强度及模量的变化规律的研究对于工程实践具有明显的现实意义。

1.3　膨胀土的超固结性

膨胀土因常给工程造成麻烦,所以也被称为"有问题的土"或"难对付的土",其具有胀缩性、裂隙性和超固结性。在工程上,胀缩性主要表现为膨胀量或变形,从而产生裂隙及导致建筑物的破坏等。除膨胀性和裂隙性外,超固结性也是其另外一个主要特征。如果土层中某点现有土层上覆压力为 P_0,历史上受到的最大竖向有效应力为 P_c,此时 P_c 为先期固结应力,P_c/P_0 为超固结比(OCR)。当 OCR>1 时,即为超固结土。也就是说,对于超固结土,先期固结应力 $P_c > P_0$。

土的超固结性形成的原因,一般认为主要有如下几种:①土层上部历史上曾有过大片覆盖土层,后来由于覆盖层被剥蚀而变薄;②受到地质上的构造应力作用;③地下水位长期下降,渗透压力持续作用;④土中水分被蒸发使含水率降低,产生干缩作用;⑤地面上曾有过冰川过境;⑥土粒间的化学胶结作用。

关于土体的超固结性,目前的研究主要集中于卸荷所致超固结,即 OCR>1 的土。如 Wroth(1971)、Nadarajah(1973)和 Amerasinghe et al.(1975)对超固结土的力学性质进行了深入的研究,并取得了一些突破性的研究成果;在超固结本构模型方面,Pender(1978)在深入了解了超固结土特性的基础上,提出了适用于超固结土的本构模型,可以进行复杂应力路径下的土体应力-应变关系的研究;Dafalias(1986)开创性地提出了边界面模型,为后来的工作提供了新的研究思路;Asaoka et al.(2000)和 Nakai et al.(2004)提出了能够适用于三维应力-应变特性的超固结本构模型。我国学者也进行了相关研究,沈珠江等在 2003 年为了准确分析超固结边坡的稳定性,在岩土力学及破损力学的框架内建立了适用于超固结裂土的二元介质模型,并通过三轴试验进行了验证;姚仰平等(2007)基于公认的 Hvorslev 面提出了能够适用多种应力路径和剪切状态的超固结土本构模型,随后又提出了 K_0 超固结土的统一硬化模型;徐连民等(2008)基于剑桥模型,通过增加一个与超固结比相关的参数,能够较好地反映超固结土的变形和强度特性。

对于膨胀土,其超固结性除 OCR>1 外,还有一个重要特征,即其水平应力大于竖向应力。对于膨胀土特殊的超固结性,多位学者均进行了研究。在侧压力测试方面,Dodd and Anderson(1972)指出,在大量的地质调查和现场测试基础上,所得证据证明超固结土中存在较大的水平应力。Joshi and Katti(1980)进行了大尺度的印度黑棉膨胀土侧压力系数的量测和计算。Yang et al.(1987)在 3 个试验场地对超固结裂隙土的水平应力进行了深入的研究,详细探讨了大水平应力作用下的超固结裂隙土边坡稳定性的机制和预测方法。Brackley and Sanders(1992)在南非膨胀土地区进行了长达 4 年的侧向压力的量测,分析了覆盖层材料及不同深度、不同季节下膨胀土的侧向压力系数,并指出其基本达到甚至超过了土体的被动侧压力系数,从超固结的角度对膨胀土裂隙性进行了解释;Gyeong Taek Hong(2008)对膨胀土的侧压力及其与吸力的关系进行了深入的研究,建立了考虑吸力的膨胀土体积和侧压力变化规律的模型,进而在挡土墙及路面工程中进行了应用。

我国学者在阳安线铁路建设过程中,对勉西等几个典型裂土地区的水平应力利用旁压仪等进行了现场量测,并利用该结果进行了超固结裂土边坡稳定性的相关计算分析;陈义深(1988)、王秉勇(1993)对膨胀土地区挡土墙的侧压力进行了相关研究。此外,卢再华等(2003)、陈善雄(2006)、潘宗俊(2006)、李振霞等(2008)、周葆春等(2012)均对膨胀土的超固结性从多个角度进行了不同程度的研究。

超固结作用使得膨胀土具有以下两个特征:①在超固结土的形成过程中,膨胀土处于超压密状态,故其具有较大的结构强度;②超固结作用使得膨胀土具有比正常固结土更大的水平应力。

就半无限土体而言,这种超固结效应将使得膨胀土具有更高的强度和较稳定的应力状态,其较大的水平应力使得其能够承受更大的竖向荷载,即其在加荷工程中与一般黏性土相比处于优势。但当进行边坡开挖时,该优势将不存在;相反,由于其具有更大的水平应力,卸荷效应比正常固结黏土大,从而更易使裂隙张开,土体结构变得松弛进而强度降低。同时,原来锁固于土体中的大水平应力会得到释放,而这种卸荷作用会使得膨胀土的超固结负效应较正常固结黏土更加突出,更加不利于开挖边坡的稳定。

就膨胀土边坡稳定性而言,应力释放对边坡的变形和稳定有一定的影响。毋庸置疑,对一般坡度较缓(如大于 1:1.5)的膨胀土边坡或天然膨胀土斜坡而言,影响其长期稳定性的主要因素是气候变化导致的膨胀土反复膨胀和收缩,形成松散膨胀土体,大量次生裂隙生成与原生裂隙的进一步扩大使得土体强度降低较多。但对于较陡的边坡而言,在没有剧烈天气变化的情况下,应力释放对其稳定性的影响仍是不可忽视的一个重要因素。目前对裂隙赋存状态与湿度状态对膨胀土的性状与边坡工程稳定性产生的影响已取得较多有益的研究成果,但迄今深入研究应力释放对膨胀土工程性状影响的文献尚不多。对于膨胀土边坡失稳而言,裂隙性是关键因素,胀缩性是产生裂隙的内因,超固结性则是促进因素。但对超固结应力的释放、控制与堑坡稳定的关系,以及"三性"之间内在联系的认识还远不够成熟,目前对超固结性促进边坡稳定性降低的机制和规律的研究成果还较少,使得在边坡变形和稳定性分析计算中还不能充分考虑其特殊超固结性的影响。

1.4 膨胀土堑坡稳定性

1.4.1 膨胀土堑坡稳定性理论

大量的膨胀土滑坡现场调查表明,其具有浅层性、渐进性和长期性特征。浅层性是指膨胀土边坡失稳的深度一般仅为 2 m 左右,这与裂隙开展的深度和大气影响深度有关。由于膨胀土特殊力学性质,滑坡过程的监测表明,其变形一般在边坡的底部和坡腰处较大,坡顶部位较小。因此,滑坡往往是从边坡底部开始,逐渐向上发展,进而形成渐进性滑坡。但也有研究表明,坡顶的位移也是反映边坡失稳与否的一个重要指标。滑坡的长期性与膨胀土裂隙的发育过程及膨胀土的软化、蠕变等的发展因素相关,这个过程可持续几个月、几年甚至几十年。

就膨胀土滑坡破坏理论而言,归纳起来主要有以下两种观点:

(1)渐进破坏理论。持该观点者以 Skempton 和 Bjerrum 为代表。其主要观点为:在膨胀土等超固结裂隙性黏土中进行边坡开挖时,超固结裂隙黏土中的裂隙和节理附近易形成应力集中,根据强度破坏准则,当土中某一点的剪应力增加到超过土的强度时,则该点产生剪切破坏。所以,可以认为其强度并非在整个滑动面上同时发挥,而是这种剪切破坏逐渐传递,最后引起边坡的整体滑动。

(2)滞后破坏理论。膨胀土边坡常发生滞后破坏,即边坡形成后若干年后失稳。Bishop(1967)认为产生滞后破坏的原因:一是由于应力集中和吸水等原因,造成超固结裂隙黏土开挖后土体软化,使凝聚力随时间逐渐降低,但最终降低至多少尚难确定;二是由于开挖初期边坡侧向约束应力被部分解除(卸荷),故孔隙水压力逐步降低至负值,随着时间增加,孔隙水压力会逐渐增加至平衡状态。也就是说,边坡稳定系数与孔隙水压力的变化规律密切相关。

这两种理论虽然对于超固结黏土边坡失稳机制的认识不同,但他们均认为超固结裂隙土边坡开挖后,其边坡稳定系数会随着时间的增加而逐渐减小,甚至发生破坏。

1.4.2　膨胀土堑坡稳定性研究进展

膨胀土开挖斜坡稳定性问题是一个比较复杂的问题。多年来,国内外不同学者对超固结裂隙土(膨胀土等)的这一问题进行过研究,Fredlund(1993)和Ning Lu(2004)基于非饱和土力学,指出了吸力在膨胀土边坡稳定性中的作用并进行了实例分析;我国进行膨胀土堑坡稳定的相关研究较早,也取得了可喜的成就。

廖济川(1986)、陶太江等(1994)认为裂隙对于膨胀土的强度影响显著,并进行了现场直剪试验;同时,在分析安徽省几个典型膨胀土滑坡的基础上,从抗剪强度的取值及衰减问题、边坡的坡度等几个方面进行了探讨,并对处理方法的选择进行简单评述。韩贝传等(2001)从膨胀土的"三性"出发,认为其超固结性及较大的水平应力对于边坡开挖影响较大,建立了裂隙硬黏土的力学模型,并在南水北调渠道边坡工程中进行了应用分析。詹良通等(2003)以南水北调工程为依托,对降雨条件下非饱和膨胀土边坡进行原位测试,深入地分析了降雨对膨胀土边坡的影响。王文生等(2005)、潘宗俊(2006)、吴礼舟等(2005)研究了非饱和膨胀土边坡的破坏模式及现场吸力监测工作。缪伟等(2007)对膨胀土坡体内部的侧向位移和坡表标点的变形进行了近1年的跟踪观测,分析了气候干湿循环作用对膨胀土开挖边坡变形特性的影响。徐彬(2010)等基于考虑裂隙的膨胀土强度特性的相关研究,提出了符合膨胀土边坡稳定性计算的力学参数并进行了验证。鉴于膨胀土对于气候变化的敏感性,孔令伟等(2007)、李雄威等(2009)、陈建斌等(2007)在广西南宁地区建立了两个膨胀土边坡的原位监测系统和小型气象站,在考虑降雨对其影响的基础上,增加了温度、辐射量等因素对膨胀土边坡的影响,结果表明降雨是膨胀土边坡发生灾变的最直接的外在因素,蒸发效应是边坡灾变的重要前提条件,而风速、净辐射量、气温和相对湿度是间接影响因素。同时,孔令伟、陈正汉(2012)对我国近几十年来特殊土及边坡稳定问题进行了系统的总结,认为目前对于膨胀土的现场卸荷应力测试及"三性"互馈机制研究较少。

在膨胀土边坡计算方面,Morgenstern(1977)对超固结裂隙土进行了详细的调查,并对超固结土中的边坡开挖问题进行了深入的研究。李妥德(1990)根据5个裂土地区的调查,提出了裂隙黏土的堑坡设计方法并进行了应用。姚海林等(2001)利用线弹性理论研究了膨胀土的裂隙性,同时进行了考虑裂隙和降雨入渗的膨胀土边坡稳定性分析,并与未考虑裂隙的边坡稳定性进行了比较。肖世国(2001)在综合分析自然应力、膨胀力和孔隙水压力的基础上,提出了考虑膨胀力的膨胀土边坡稳定性计算方法。殷宗泽等(2010)也就裂隙与膨胀土边坡稳定性的相关关系进行了深入的研究。包承纲在2004年的黄文熙讲座上就膨胀土的性质与边坡稳定性进行了深入的讨论,认为裂隙是膨胀土胀缩性和超固结性对其影响的载体,从非饱和土力学的角度分析了吸力变化对于膨胀土边坡稳定性的显著影响,并建立了膨胀土边坡稳定早期预报系统"双链"图。徐千军等(2004)根据率形式的Koiter机动安定定理提出了考虑地下水位往反变化情况下边坡安定的上限分析方法。王志伟(2005)利用FLAC程序进行了裂隙性超固结黏土边坡稳定性的相关分析。陈建斌(2006)在现场原位监测的基础上,建立了大气作用下的膨胀土边坡变形的经验预测模型,同时基于大气-非饱和土相互作用模型,对大气长期作用下的膨胀土边坡稳定性进行了研究。李雄威(2008)在考虑膨胀土湿热耦合性状和裂隙分布的基础上,对大气作用下植被在膨胀土边坡工作性状进行了研究。卢再华等(2006)以非饱和土力学和损伤力学为基础,建立了膨胀土的非饱和弹黏塑性本构模型,并在南水北调中线工程和西部高速公路膨胀土边坡上进行了应用。尹宏磊等(2009)严格导出了考虑膨胀土力做功的功能平衡方程,并在 1:4 膨胀土边坡上进行了验证,较好地反映了膨胀土浅层滑坡及牵引性等特点。

上述各种方法在其所设定的边界条件下得到了较为理想的计算结果,但实际膨胀土边坡工程影响因素较多,加上膨胀土本身特殊的力学性质,寻找一种能够解决膨胀土力学-环境耦合作用下的边坡长期稳定性计算方法或工程措施的难度可想而知,目前尚未有一种方法能够很好地解决膨胀土特殊的边坡稳定性问题。但殷宗泽等(2010)的研究表明,在边坡开挖过程中,通过一些简单的膨胀土边坡坡面处理,可以基本维持膨胀土的含水率保持不变,从而使其作为一般边坡进行处理,且应用几年来实际监测结果表明其处理效果较好,这为膨胀土边坡处理提供了一种新的思路。

相对于膨胀土边坡的长期稳定性而言,膨胀土边坡开挖完成后短期内也常发生破坏。对于膨胀土边坡开挖过程,若在其开挖期内气候变化不大,且采用上述坡面处理方式,则此时开挖卸荷作用是促使其产生破坏的最主要的因素之一。膨胀土在含水率基本保持不变的前提下,胀缩性及裂隙性将大大减小,"三性"之中的超固结性对膨胀土边坡稳定性的影响将会显现和突出。这既可以深化对于膨胀土超固结性的认识,也为膨胀土人工开挖边坡稳定性的研究提供新的视角。

1.5 主要研究内容

结合国家自然科学基金项目等,以人工开挖膨胀土堑边坡变形与失稳破坏为背景,以南阳膨胀土(南水北调渠首附近)为研究对象,采用室内试验、理论分析和数值模拟的方法,重点研究了应力速率、固结时间、超固结比、卸荷路径及应力状态重塑影响下的超固结膨胀土工程特性演化规律,初步建立了考虑应力速率影响的膨胀土经验本构模型,将其在 FLAC3D 二次开发平台上实现后,对膨胀土边坡稳定性进行了分析计算,为考虑超固结性影响的膨胀土边坡稳定性与灾害防治提供参考。

主要研究内容如下:

(1)在对膨胀土进行基本物性和力学参数分析的基础上,采用 GDS 应力路径三轴试验系统,对 4 种固结压力(80 kPa、160 kPa、240 kPa 和 320 kPa)、3 种应力速率(0.02 kPa/min、0.2 kPa/min 和 2 kPa/min)、2 种卸荷路径(被动压缩路径和被动挤伸路径)和固结状态(等压固结和 K_0 固结)的膨胀土进行了系统的试验,重点研究了膨胀土超固结状态下其强度、孔隙水压力及应力路径的应力速率效应,深化对于膨胀土超固结性的认识。

(2)在改进的常规三轴试验装置上进行两种固结状态(等压固结和 K_0 固结)下不同固结时间(0、1 d、10 d、20 d 和 30 d)时膨胀土力学特性的试验,模拟膨胀土边坡开挖后不同持续时间下其力学特性的演化规律,进而获得膨胀土边坡合理的支护时间。

（3）根据应力重塑的基本原理,进行了不同固结状态下的膨胀土卸荷—应力状态重塑的力学特性的试验,对比分析了应力状态重塑前后膨胀土的强度及变形的变化规律,着重研究了不同固结方式对膨胀土力学特性的影响,为合理的膨胀土边坡支护方案提供理论依据。

（4）根据室内三轴试验结果,结合 CT-三轴工作站扫描图片,从细观层面解释膨胀土卸荷—再加荷过程及剪切过程中土体的内部结构变化,分析了 CT 技术用于膨胀土不同固结阶段,尤其是加荷—卸荷—再加荷应力状态重塑过程的可行性。

（5）在分析已有考虑应变速率本构模型的基础上,建立考虑应力速率影响的膨胀土经验模型;利用建立的改进邓肯-张经验模型,在 FLAC 软件基于 FISH 语言二次开发后,采用数值模拟的方法,分析不同超固结状态时应力速率及卸荷路径对膨胀土边坡稳定性的影响。

第 2 章　超固结膨胀土的卸荷力学特性

2.1　引　言

河南南阳地区广泛分布着膨胀性黏土,随着基础设施建设的推进,将会遇到复杂的膨胀土路堑边坡或渠道的稳定性问题。膨胀土是一类结构性不稳定的特殊土,由于含有蒙脱石类矿物的特殊微观结构和历史卸荷等,使得膨胀土具有显著的超固结性。膨胀土的超固结性使其比一般黏性土具有更大的侧向压力系数,卸荷时产生更大的回弹膨胀,这对挖方边坡会产生不利影响。卸荷路径下土体的工程特性与加荷状态差别较大,用常规土工加载试验所得的力学参数进行边坡开挖等卸荷工程的稳定性计算分析会产生较大的误差或错误。了解开挖卸荷对膨胀土力学特性的影响并将其超固结效应纳入边坡稳定性计算中,是合理设计及防护与加固边坡的前提。因此,研究考虑超固结性影响下的膨胀土卸荷力学特性,对于有效地进行膨胀土边坡设计及治理等十分必要。

边坡开挖过程中,开挖速率的选择非常重要。目前,对于土体力学特性速率效应的研究主要集中于软黏土。其中,有代表性的成果有:Graham et al. 引入 $\rho_{0.1}$ 来定量描述应变速率每增加 10 倍不排水强度的增加值;Sheahan et al. 提出了普适的 ρ_g 来定量描述应变速率对其不排水强度的影响;Zhu et al. 在此基础上,通过一系列不同速率及超固结比下的压缩和挤伸三轴试验,提出用 ρ_q 来描述超固结土不排水强度与应变速率的关系。应变速率对软黏土力学特性影响及机制分析的研究已经比较深入。近年来,有些学者也指出了研究超固结硬黏土速率效应的必要性和重要性,并对 Bearpaw Shale 的次固结效应进行了研究。但针对膨胀土强度特性的速率效应,尤其是卸荷速率效应方面的研究在国内外尚未见详尽的文献报道。

饱和黏土的变形与强度性质在一定程度上还受其应力历史及路径的影响。Sheahan et al. 在对前人大量的不排水三轴压缩试验结果总结的基础上,进行了超固结比对其强度、孔隙水压力等的影响的研究,其结果表明,在剪切速率为(0.05~50)%/h 时,随着超固结比的增加,剪切速率对于剪切强度的影响变小并趋于稳定;Zhu et al. 对香港海相沉积软黏土进行 K_0 固结下的压缩和挤伸三轴试验研究发现,其割线模量与超固结比不存在稳定的相关关系。总之,考虑应力历史及剪切速率的研究成果积累尚不丰富,且多以软黏土的力学特性为主。工程建设中遇到的土体多种多样,同时考虑应力历史和剪切速率的硬黏土在不同路径下强度及变形特性的研究尚需深入进行。

膨胀土具有胀缩性、超固结性和多裂隙性,工程性质较差。在膨胀土地区进行开挖工程施工,易出现塌方和滑坡等病害。近几十年来,多位学者从非饱和土力学、干湿循环等角度对膨胀土强度衰减特性进行了深入系统的研究,合理解释了膨胀土边坡浅层破坏、溜塌等失稳灾害。进一步研究表明,膨胀土边坡的变形与失稳破坏不仅与气候变化密切相关,还与膨胀土自身的工程特性和超固结应力状态的变化相关。工程现场调查发现,有些膨胀土边坡未经历干湿循环也会发生变形或整体失稳破坏。对于人工开挖边坡或渠道,其形成过程就是应力释放的过程。而开挖过程因工程而异,有的工程开挖在几天内完成,有的则持续数月,故卸荷速率有高有低,膨胀土微裂隙发育、强度劣化程度等也将产生较大差异。《膨胀土地区建筑技术规范》(GB 50112—2013)中也明确提出,在进行地基稳定性验算时,需考虑卸荷释放压力的不利影响,但并未给出削坡卸荷速率及路径对强度参数劣化的量化表达。

　　基于此,本章以人工开挖边坡为背景,以南阳膨胀土为研究对象,利用 GDS 应力路径三轴试验系统,在膨胀土基本物理力学特性的基础上,开展 4 个围压水平、4 个超固结比(OCR)、3 个应力速率及 2 个卸荷路径作用下原状膨胀土 K_0 固结不排水三轴剪切试验研究,分析膨胀土不排水剪切强度、孔隙水压力、有效应力路径及割线模量与应力速率及应力路径的关联性,并对其机制进行了探讨。

2.2　南阳膨胀土的基本物理力学特性

2.2.1　基本性质

　　试验用土样取自南阳内邓高速公路,取土深度 4~5 m,呈褐红色,硬塑状,含铁锰结核及姜石,采用探坑法取样,土样均取自同一土层。基本物性指数如表 2-1 所示,与已有南阳膨胀土基本物性的研究成果相符。

　　膨胀土颗粒级配曲线如图 2-1 所示。从图 2-1 可以看出,膨胀土为高液限黏性土,黏粒含量(小于 0.005 mm)平均约占 59.4%,黏土矿物成分见表 2-2。按照膨胀土膨胀潜势等级判别标准,该膨胀土属于中膨胀土。

表 2-1　膨胀土的基本物性参数

作者	天然含水率 $\omega/\%$	初始饱和度/%	黏粒含量	自由膨胀率 $\delta_{ef}/\%$	干密度 $\rho/(g/cm^3)$	液限 $\omega_L/\%$	塑性指数 I_p	渗透系数
包承纲	23.6	—	44	—	1.59	46	21	—
张永双	18.8~29.7	—	34.1~59.7	40~100	1.40~1.77	40.0~75.9	17.0~46.9	—
李洪涛	20.1~29.2	—	—	40~72	1.52~1.56	39.3~45.7	21.5~22.1	—
黄光寿	24.7~27.0	—	38~55	36~90	1.53~1.68	38.1~51.4	18.2~23.2	—
本书	25.4~26.8	94.4~99.7	59.4	58.5	1.56~1.58	55.4	26.2	1.06×10^{-6}

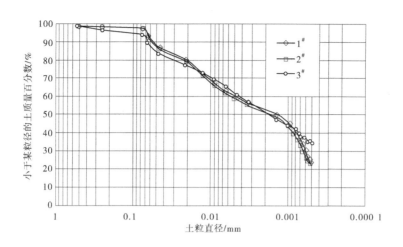

图 2-1　膨胀土颗粒级配曲线

表 2-2　膨胀土的矿物成分

样品名称	黏土矿物成分(以 100%计)			
	蒙脱石	绿泥石	伊利石	高岭石
膨胀土	30%	35%	15%	20%

2.2.2　固结试验

　　3 个原状膨胀土样压缩试验结果如图 2-2 所示。可以看出,e-lg$p$ 曲线初期加荷时较为平缓,随着荷载的增加,曲线逐渐变陡,超过先期固结压力 p_c 后转为直线。根据 Casagrande 法,确定膨胀土先期固结压力 p_c 为 149.0~186.0 kPa,取 160 kPa 为其平均先期固结压力。由表 2-1 可知,原状膨胀土的重度约为 19.8 kN/m³,则其上覆土重约为 80 kPa,说明其具有一定的超固结性。

2.2.3　K_0 的确定

　　静止土压力系数 K_0 是土的重要设计参数之一,其并不是土的特征参数,它受土的结构、强度及应力历史等因素的综合影响。鉴于膨胀土历史成因的特殊性,就加荷、卸荷及卸荷—再加荷情况下的 K_0 变化规律进行简单阐述。在加荷条件下,K_0 为一常数;在卸荷条件下,K_0 逐渐增大;在卸荷—再加荷条件下,K_0 值稍低于第一次卸荷的 K_0 值。因此,K_0 值从大到小依次为卸荷条件、卸荷—再加荷条件、加荷条件(见图 2-3)。膨胀土因其历史卸荷作用,其 K_0 值为卸荷条件下的 K_0 值。

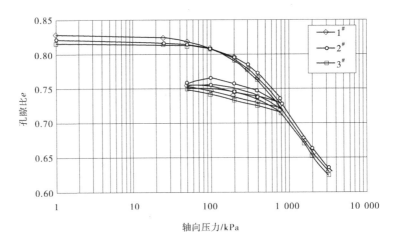

图 2-2 e-lg$p$ 关系曲线

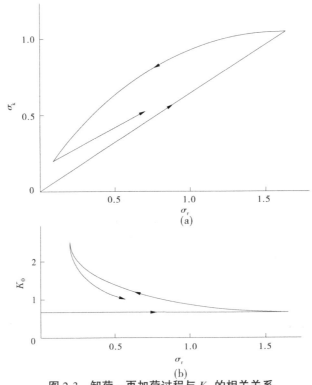

图 2-3 卸荷—再加荷过程与 K_0 的相关关系

在现场测试中,获得其竖向应力较为容易,而其水平应力的获得则较为困难。鉴于 K_0 的重要性,国内外学者对静止土压力系数 K_0 值进行了现场水平应力的测试及预测。Brackley and Sanders 及 Dalton and Hawkins(1982)在现场进行了土体的初始静止侧压力系数量测,但所得 K_0 值变化范围较大。在国内,王桢(1991)、张颖钧(1998)也对阳安线的勉西、西乡和安康地区的超固结裂土进行了现场旁压试验,得到了其现场水平应力的横向和竖向分布图。同时,也对西乡裂土的 K_0 随土体深度的变化规律进行了归纳总结,并提出了计算方法。

张颖钧在现场测试的基础上,认为历史卸荷作用是形成裂土超固结性的主要因素,并在此基础上得到了超固结土现场水平应力估算的简便计算公式。在现地面以下 h_c 深度范围内形成了卸荷区。现地面 O 点处的水平应力由原有的 $K_0\gamma h_0$ 卸荷逐渐趋于 0,并且随深度增加呈双曲线形变化至 C 点后水平应力依附于古地面原有水平应力线 CE 上。从图 2-4 可以看出,超固结裂隙黏土 C 点以下的高水平应力是剥蚀岩土层厚度 h_0 和现地面深度 h 共同造成的,则 P 点的水平应力为

$$P_D = K_0\gamma(h_0 + h) \tag{2-1}$$

式中:K_0 为正常固结黏土的静止土压力系数,一般在 0.5~0.7;γ 为土层的平均密度,kN/m^3。

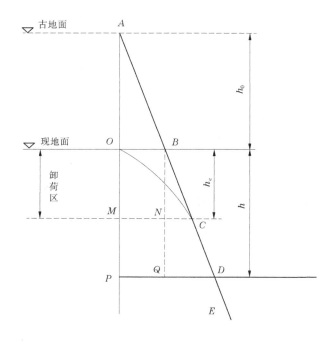

图 2-4　超固结土高水平应力产生原理

根据卸荷—再加荷试验,借鉴张颖钧等的研究成果,南阳膨胀土平均先期固结压力 p_c 取 160 kPa,则该膨胀土的静止土压力系数 K_0 在 0.94~1.63,取 $K_0 = 1.5$ 进行试验。

2.2.4　原状膨胀土常规三轴剪切特性

为研究超固结膨胀土的强度特性,选取小于先期固结压力的 40 kPa、60 kPa、80 kPa 和 120 kPa 及大于先期固结压力的 160 kPa、240 kPa、360 kPa 和 480 kPa 进行固结,固结完成后以 0.073 mm/min 的剪切速率进行不排水剪切试验,试样为直径 61.8 mm、高 125 mm 的圆柱体。试验结果如图 2-5 所示。

从图 2-5(a)可看出,土的不排水强度随着有效固结应力的增大而增大。在小于先期

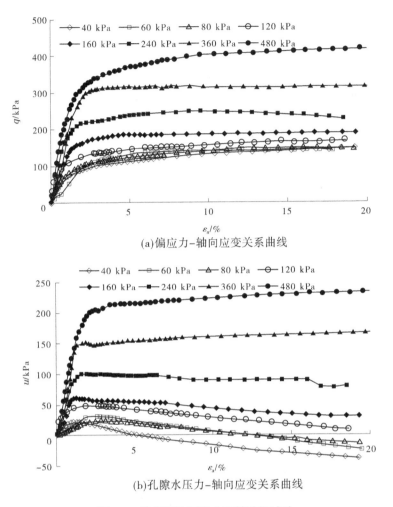

(a)偏应力-轴向应变关系曲线

(b)孔隙水压力-轴向应变关系曲线

图 2-5　等压固结不排水三轴剪切试验

固结压力时,随着固结压力的增加,强度缓慢增加;从图 2-5(b)可以看出,在小于先期固结压力时,孔隙水压力随轴向应变的增加均呈先增加后减小的趋势,固结应力越小,超过15%应变后负孔隙水压力越小。随着固结应力的增大,孔隙水压力降幅减小进而随应变的增加呈上升趋势。

对于低固结应力时的土体强度包线,国内学者龚晓南和沈珠江分别提出了不同的简化公式。其中,沈珠江认为当 $\sigma < p_c$ 时强度包线用指数函数进行描述较为合适,而龚晓南则建议采用两段直线进行简化计算。本书利用两段直线进行简化,得到了膨胀土的强度参数(见图 2-6)。在超固结段,$c = 77.1$ kPa,$\varphi = 6.0°$;$c' = 80.6$ kPa,$\varphi' = 5.6°$;在正常固结段,强度参数分别为 $c = 48.1$ kPa,$\varphi = 15.1°$;$c' = 27.5$ kPa,$\varphi' = 22.6°$。

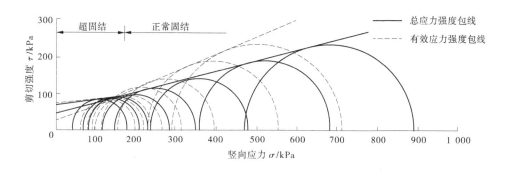

图 2-6　原状膨胀土固结不排水试验的强度包线

2.3　试验过程及方案

考虑应力速率影响的膨胀土三轴不排水剪切试验均在英国 GDS 应力路径三轴试验系统上进行,该试验系统可实现不同应力路径、设定应力释放速率的三轴试验。

为模拟边坡开挖过程,特别选取了轴压不变、围压减小的被动压缩路径和围压不变、轴压减小的被动挤伸路径。考虑到实际边坡开挖速率及试验周期,应力速率分别取 0.02 kPa/min、0.2 kPa/min 和 2 kPa/min。

试验实施过程(见图 2-7)具体如下:

(1)饱和阶段:试验用样的天然饱和度在 97% 左右,将直径 50 mm、高 100 mm 的试样直接在 GDS 应力控制式三轴仪上装样进行反压饱和,孔隙应力系数 $B \geqslant 0.98$ 后进行固结阶段。

(2)固结阶段:饱和完成后保持反压不变进行 K_0 固结。为保持加压过程中 K_0 保持常数,围压 σ_r 和轴压 σ_a 分别以 10 kPa/h 和 6.7 kPa/h 增至设定的固结压力。保持该固结压力直至孔隙水压力消散,使平均有效应力能够真正达到试验的设定值。固结终了的有效围压 σ_r' 分别为 120 kPa、240 kPa、360 kPa 和 480 kPa,固结终了的有效轴向压力 $\sigma_a' = \sigma_r'/K_0$,进而进行剪切过程,具体试验方案见表 2-3。此外,为研究超固结比和卸荷速率耦合作用下的膨胀土力学特性,在上述固结应力下,待孔隙水压力消散后,保持 K_0 值均卸荷至轴压 80 kPa,形成超固结比为 1、2、3 和 4 的膨胀土样,具体试验方案见表 2-3 和表 2-4。

(3)剪切阶段:采用被动压缩(轴压不变、围压减小)和被动挤伸(围压不变、轴压减小)两种卸荷路径,在设定的 3 种卸荷速率条件(0.02 kPa/min、0.2 kPa/min 和 2 kPa/min)下进行不排水剪切试验,直至达到设定的极限偏应力或试样破坏。应力应变曲线有峰值时,取峰值强度为不排水剪切强度;应力应变曲线无峰值时,取应变 15% 时的剪应力为不排水剪切强度。

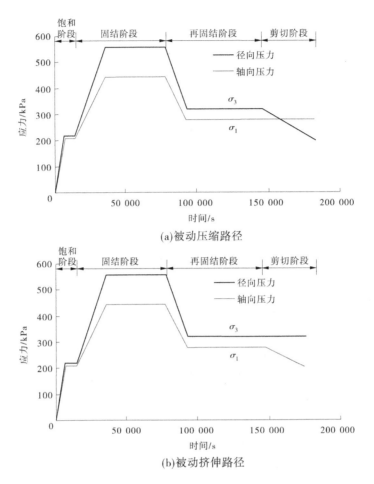

图 2-7　试验过程示意图

表 2-3　正常固结膨胀土三轴剪切试验方案

固结方式	试验类型	σ'_{a0}/kPa	σ'_{r0}/kPa	剪切路径	应力速率 $\dot{q}$/(kPa/min)		
$K_0 = 1.5$	被动压缩	80	120	轴压不变、围压减小	0.02	0.2	2
		160	240		0.02	0.2	2
		240	360		0.02	0.2	2
		320	480		0.02	0.2	2
	被动挤伸	80	120	围压不变、轴压减小	0.02	0.2	2
		160	240		0.02	0.2	2
		240	360		0.02	0.2	2
		320	480		0.02	0.2	2

续表 2-3

固结方式	试验类型	σ_{a0}'/kPa	σ_{r0}'/kPa	剪切路径	应力速率 $\dot{q}$/(kPa/min)		
$K_0 = 1.0$	被动压缩	80	120	轴压不变、围压减小	0.02	0.2	2
		160	240		0.02	0.2	2
		240	360		0.02	0.2	2
		320	480		0.02	0.2	2
	被动挤伸	80	120	围压不变、轴压减小	0.02	0.2	2
		160	240		0.02	0.2	2
		240	360		0.02	0.2	2
		320	480		0.02	0.2	2

注：σ_{a0}' 为轴向有效固结应力，σ_{r0}' 为有效围压。

表 2-4　超固结膨胀土三轴剪切试验方案

固结方式	试验类型	剪切路径	σ_{ic}'/kPa	σ_0'/kPa	OCR	应力速率 $\dot{q}$/(kPa/min)		
$K_0 = 1.5$	被动压缩	轴压不变、围压减小	80	80	1	0.02	0.2	2
			160	80	2	0.02	0.2	2
			240	80	3	0.02	0.2	2
			320	80	4	0.02	0.2	2
	被动挤伸	围压不变、轴压减小	80	80	1	0.02	0.2	2
			160	80	2	0.02	0.2	2
			240	80	3	0.02	0.2	2
$K_0 = 1.0$	被动压缩	轴压不变、围压减小	80	80	1	0.02	0.2	2
			160	80	2	0.02	0.2	2
			240	80	3	0.02	0.2	2
			320	80	4	0.02	0.2	2
	被动挤伸	围压不变、轴压减小	80	80	1	0.02	0.2	2
			160	80	2	0.02	0.2	2
			240	80	3	0.02	0.2	2

注：σ_{ic}' 为初始轴向有效固结应力，σ_0' 为卸荷之后、剪切之前轴向有效固结应力。

2.4 考虑应力速率的正常固结膨胀土力学特性

2.4.1 K_0 固结膨胀土的应力速率效应

2.4.1.1 固结应力对膨胀土力学特性的影响

由于被动压缩路径和被动挤伸路径下膨胀土在各初始轴向固结应力下不同应力速率时的力学行为规律基本类似。仅给出 $\dot{q} = 0.2\ \text{kPa/min}$ 时偏应力 q（q = 轴压 σ_a -围压 σ_r）和孔隙水压力 u 随轴向应变 ε_a 的变化见图 2-8 和图 2-9,图 2-10 为不同速率及固结应力下的应力路径,其中偏应力 q 与平均有效应力 p' 以有效初始固结压力 p'_0 进行归一化。

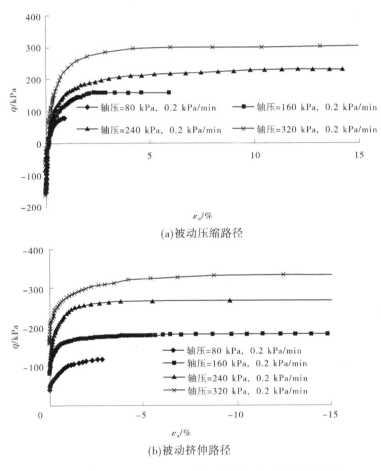

(a)被动压缩路径

(b)被动挤伸路径

图 2-8　不同轴向固结应力下膨胀土的偏应力-应变关系曲线

可以看出,被动压缩路径和被动挤伸路径下的应力-应变关系曲线呈双曲线型,其特征类似于理想刚塑性应力-应变曲线。如果将拐点处的主应力差作为膨胀土的屈服强度,可以发现,当偏应力小于该屈服强度时,偏应力随着轴向应变的增加快速增加;当偏应力超过该屈服强度时,偏应力的小幅增加会产生较大的变形。从图 2-8 中还可看出,在相

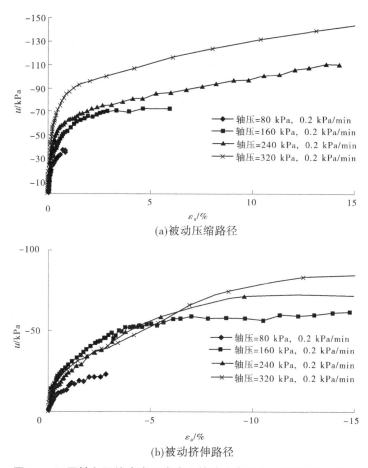

(a)被动压缩路径

(b)被动挤伸路径

图 2-9　不同轴向固结应力下膨胀土的孔隙水压力-应变关系曲线

同的卸荷速率下,不论是被动压缩路径还是被动挤伸路径,其屈服强度或破坏强度均随着初始轴向固结应力的增加而增大。

此外,在两种剪切路径下,轴向固结应力为 80 kPa 时,即使轴压或围压减小至 0,其轴向应变尚较小,试样基本呈现类似于刚体的特性。但试验过程中发现,剪切应力达到设定极限偏应力并维持偏应力保持不变,试样轴向应变有所增加。如在卸荷速率为 0.2 kPa/min 下,轴向固结应力为 80 kPa 时,剪切应力达到极限偏应力时的轴向应变分别为 0.76%,随着时间的增加其轴向应变可增加至土样出现较明显的剪切错动带。试验过程中,同样的现象也出现在以下组合:

(1)被动压缩路径下,轴向固结应力为 80 kPa,卸荷速率为 0.02 kPa/min、0.2 kPa/min 和 2 kPa/min。

(2)被动压缩路径下,轴向固结应力为 160 kPa,卸荷速率为 0.02 kPa/min、0.2 kPa/min 和 2 kPa/min。

(3)被动挤伸路径下,轴向固结应力为 80 kPa,卸荷速率为 0.02 kPa/min、0.2 kPa/min 和 2 kPa/min。

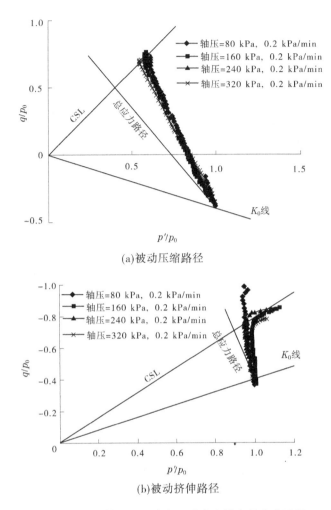

(a)被动压缩路径

(b)被动挤伸路径

图 2-10　不同轴向固结应力下膨胀土的有效应力路径

该试验结果表明,在边坡开挖过程中,无论开挖速率大小,在开挖高度较小时就应注意及时支护并进行变形等的监测。

从图 2-9 可以看出,孔隙水压力随轴向应变单调减小,其降幅与初始固结轴压正相关。即初始固结轴压越大,孔隙水压力降幅越大。同时,孔隙水压力随轴向应变的增加单调减小(绝对值单调增加),并始终为负值,未出现软黏土卸荷后孔隙水压力先增加后降低的特性。这说明不同土类的孔隙水压力变化规律相差较大,同时也表明膨胀土在剪切过程中没有经历软黏土在剪切初期的压缩致密过程,而是直接进入剪胀阶段。

从图 2-10 中可以看出,被动压缩路径和被动挤伸路径下,不同初始固结轴压下的偏应力和平均固结应力归一化后,其有效应力路径基本重合,具有较好的归一化特性,这在被动压缩路径下尤为明显。

2.4.1.2　卸荷速率对膨胀土力学特性的影响

被动压缩路径下不同应力速率下的力学行为在各固结压力下基本类似,在此仅给出

$\sigma'_{a0} = 320$ kPa 时的试验结果,如图 2-11～图 2-13 所示,各参数意义同上。

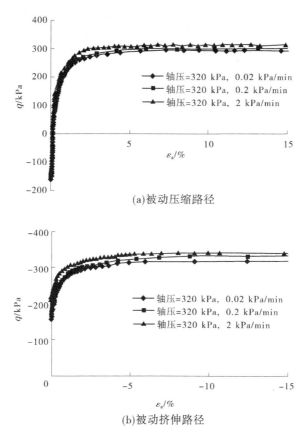

(a)被动压缩路径

(b)被动挤伸路径

图 2-11　不同卸荷速率下膨胀土的应力-应变关系曲线

可以看出,应力速率对偏应力 q(孔隙水压力 u)-轴向应变 ε_a 关系曲线及有效应力路径均有一定影响。应力速率越大,不排水剪切强度越大,这与应变速率的影响规律类似。被动压缩路径和被动挤伸路径下膨胀土剪切强度的应力速率效应的微观机制为剪切过程中的颗粒错动效应。应变速率较小时,随着剪切的进行,颗粒可以发生滚动等从而产生变形;应力速率越大,土颗粒的移动会变得越困难,只有在能量聚集至有效应力能够克服阻力时颗粒才能形成错动,其宏观表现即为较大的剪切强度。

剪切速率对孔隙水压力的影响规律主要有两种观点:一些学者认为应变速率越小,剪切过程中的孔隙水压力变化幅度越大;另一些学者则认为其对孔隙水压力变化规律的影响不明显。孔隙水压力随应力速率的变化规律在两种路径下不尽相同。在被动压缩路径下,孔隙水压力降幅从大到小依次为应力速率 0.02 kPa/min、2 kPa/min 和 0.2 kPa/min,孔隙水压力并非随应力速率单调变化;而在被动挤伸路径下,孔隙水压力的降幅随应力速率的增大而单调减小。相同的是,两种路径下孔隙水压力均表现为应力速率为 0.02 kPa/min 时其降幅最大。

这是因为对于不排水剪切试验,剪切带的位置与孔隙水压力的变化规律密切相关,膨

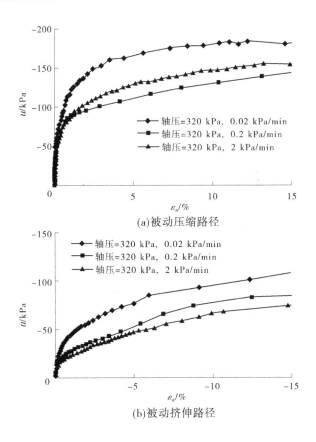

(a)被动压缩路径

(b)被动挤伸路径

图 2-12　不同卸荷速率下膨胀土的孔隙水压力-应变关系曲线

胀土天然灰白夹层及微裂隙等的存在,使得其剪切带在试样上的分布具有一定的随机性,而试验测试结果为试样底部的孔隙水压力,应力速率较小时,试样中的孔隙水压力有充分的时间均匀分布;而在应力速率较大时,这将对孔隙水压力的量测产生较大的影响。试验过程中也发现,被动压缩路径下的膨胀土破坏时的剪切带有时在试样上部,有时在试样下部,而被动挤伸路径下的剪切带多出现在膨胀土样中部附近。这导致被动压缩路径和被动挤伸路径下孔隙水压力在较大应力速率时其变化规律有所不同。

从图 2-13 可以看出,有效应力路径始终在总应力路径右侧,随着应力速率的减小,其向右偏转幅度增大。这由图 2-12 中孔隙水压力-应变的变化规律所致。各固结应力和应力速率下,有效应力路径的发展规律基本相同。剪切初期,有效应力路径基本呈直线型,平均固结应力 p' 减小,偏应力 q 线性增加,应力速率的不同在应力路径上表现为 $\mathrm{d}q/\mathrm{d}p'$ 斜率的不同。达到屈服后出现拐点,随之平均固结应力 p' 增大,偏应力 q 小幅增加。

2.4.1.3　卸荷路径对膨胀土力学特性的影响

图 2-14(a)为在相同初始固结轴压 240 kPa 下 0.2 kPa/min 时的偏应力(孔隙水压力)-应变关系曲线。从中可以看出,两种路径下的应力(孔隙水压力)-应变曲线变化规律基本一致,呈典型的双曲线型。从破坏强度上来看,被动压缩路径下的膨胀土破坏强度

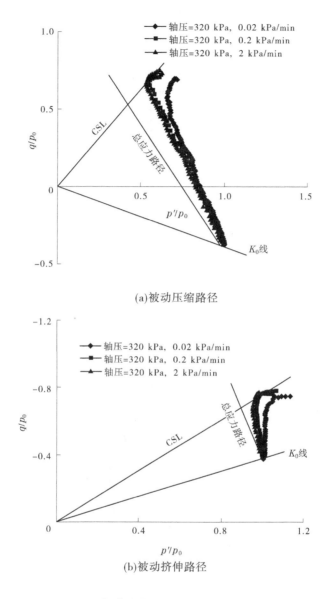

(a)被动压缩路径

(b)被动挤伸路径

图 2-13　不同卸荷速率下膨胀土的有效应力路径

为 214.1 kPa,而被动挤伸路径下的膨胀土破坏强度为 261.0 kPa,被动挤伸路径下的剪切强度明显大于被动压缩路径下的。

从图 2-14(b)中可看出,被动挤伸路径与被动压缩路径下有效应力路径的变化规律类似,其不同点主要表现在两种路径下的直线段斜率 $\mathrm{d}q/\mathrm{d}p'$ 有所不同,其大小除与被动挤伸路径和被动压缩路径下其总应力路径的斜率 $\mathrm{d}q/\mathrm{d}p$ 分别为 3 和 3/2 有关外,还与两种路径下的孔隙水压力降幅有关。

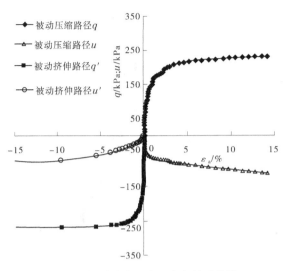

(a)应力(孔隙水压力)-应变关系曲线

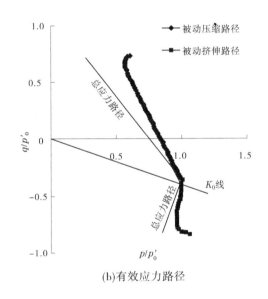

(b)有效应力路径

图 2-14 两种路径下的膨胀土的力学特性曲线

2.4.2 等压固结膨胀土的应力速率效应

为与 $K_0 = 1.5$ 固结状态时进行对比,进行了等压固结状态下的膨胀土在不同固结应力及卸荷速率下的不排水三轴剪切试验,具体试验结果及分析如下。

2.4.2.1 固结应力对膨胀土力学特性的影响

等压固结状态下,各固结应力时不同速率下的变化规律类似,在此仅给出 $\dot{q} = 2$ kPa/min 时的膨胀土力学行为如图 2-15~图 2-17 所示。

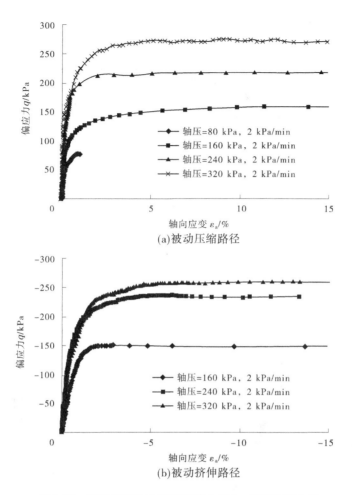

(a)被动压缩路径

(b)被动挤伸路径

图 2-15　不同固结应力下的膨胀土应力-应变关系曲线

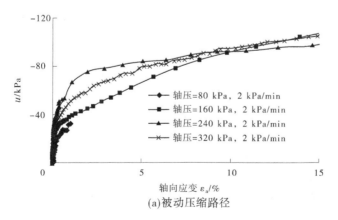

(a)被动压缩路径

图 2-16　不同固结应力下的膨胀土孔隙水压力-应变关系曲线

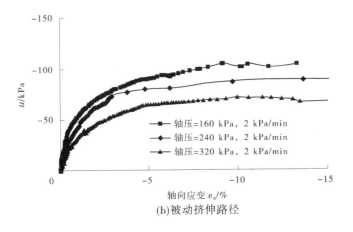

(b)被动挤伸路径

续图 2-16

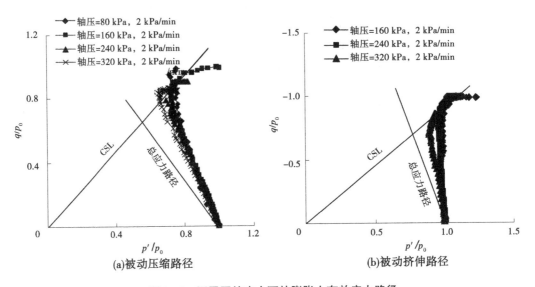

(a)被动压缩路径　　　　　　　　(b)被动挤伸路径

图 2-17　不同固结应力下的膨胀土有效应力路径

　　从图 2-15 中可以看出,应力-应变关系曲线均呈双曲线型,初始固结应力对其应力-应变关系曲线有所影响,影响规律与 K_0 固结时类似。

　　有效应力路径为应力-应变关系曲线和孔隙水压力-应变关系曲线的综合反映,其表现规律与 K_0 固结所得结果基本类似。

2.4.2.2　卸荷速率对膨胀土力学特性的影响

　　等压固结状态下,被动压缩路径下不同卸荷速率时的膨胀土力学行为在各固结压力下基本类似,在此给出 $\sigma'_{a0} = 320$ kPa 时的试验结果如图 2-18~图 2-20 所示。

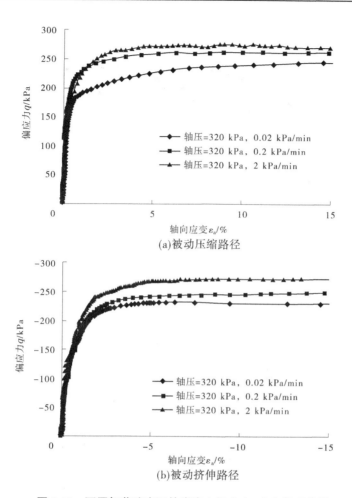

(a)被动压缩路径

(b)被动挤伸路径

图 2-18　不同卸荷速率下的膨胀土偏应力–应变关系曲线

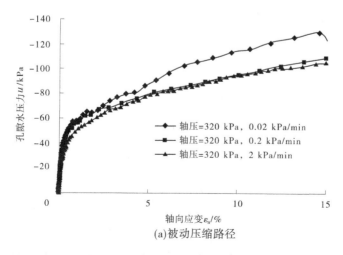

(a)被动压缩路径

图 2-19　不同卸荷速率下的膨胀土孔隙水压力–应变关系曲线

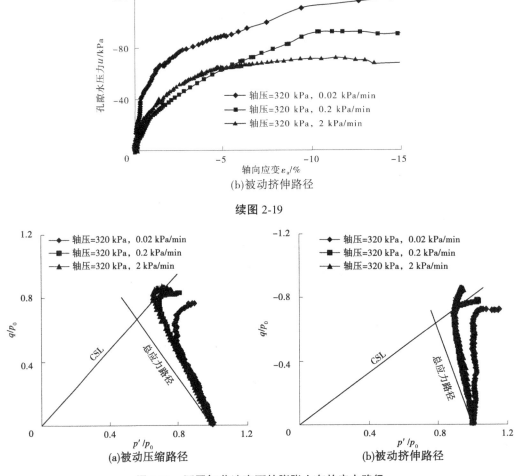

(b)被动挤伸路径

续图 2-19

(a)被动压缩路径　　　　　　　　(b)被动挤伸路径

图 2-20　不同卸荷速率下的膨胀土有效应力路径

　　可以看出,相同固结应力时,应力速率对于其应力-应变关系曲线的影响规律与 K_0 固结时基本类似,只是具体数值有所不同。应力速率对于等压固结状态下的孔隙水压力的影响规律与 K_0 固结类似,基本表现为被动挤伸路径下的孔隙水压力降幅随应力速率的增大而单调增加,但被动压缩路径下的规律性不明显,但在两种路径下均表现为卸荷速率为 0.02 kPa/min 时的孔隙水压力降幅最大。

2.4.2.3　卸荷路径对膨胀土力学特性的影响

　　为分析应力路径对膨胀土力学特性的影响,现以 $\sigma'_{a0}=320$ kPa、$\dot{q}=0.2$ kPa/min 的被动压缩路径和被动挤伸路径为例进行分析。

　　从图 2-21(a)可以看出,被动压缩路径和被动挤伸路径下的不排水剪切强度分别为 263.75 kPa 和 250.02 kPa,即应力路径对其不排水剪切强度有一定的影响,且被动压缩路径下的强度稍大。就其孔隙水压力而言,在剪切初期,被动压缩路径下的孔隙水压力降幅大于被动挤伸路径下的孔隙水压力,但随着剪切进行至试样破坏时,被动挤伸路径下的孔隙水压力降幅大于被动压缩路径下的孔隙水压力。

有效应力路径如图 2-21(b)所示,其变化规律与 K_0 固结基本类似,在此不再赘述。

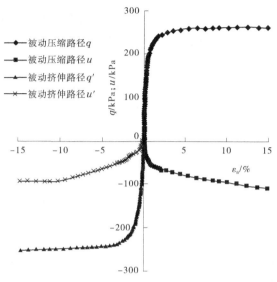

(a)应力(孔隙水压力)-应变关系曲线

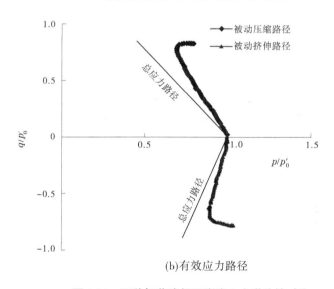

(b)有效应力路径

图 2-21　两种卸荷路径下膨胀土力学特性对比

2.4.3　不同初始固结状态下的力学特性

从图 2-22(a)可以看出,相同轴压(160 kPa)和卸荷速率($\dot{q}=0.2$ kPa/min)下的被动压缩路径,等压固结和 K_0 固结下其应力-应变关系曲线相差较大。在剪切初期($q>0$),等压固结下其偏应力随着轴向应变的增加快速增加,而此时 K_0 固结则相对增幅较小,在接近拐点后,等压固结时偏应力小幅增加而应变大幅增加;而 K_0 固结则不同,其在达到拐点之后随着轴向应变的小幅增加即增加至极限偏应力,即 K_0 固结在初期时的切线模量小于等压固结,而在后期时其切线模量大于等压固结。可以预测,在较大的轴向固结应力时,K_0 固结时的剪切强度较等压固结时的大。也就是说,在侧向卸荷路径时,虽然其经历了较大的卸荷幅度,相同轴向固结应力时 K_0 固结下的剪切强度较等压固结下的大。

而在被动挤伸路径下,两种固结状态时土样的应力-应变关系曲线形状基本类似,所不同的是 K_0 固结土样具有一定的初始偏应力。需要注意的是,虽然 K_0 固结下其具有较大的剪切强度,但仔细观察应力-应变关系曲线可以发现,与剪切起始点相比,K_0 固结时偏应力增加了 101.6 kPa,而等压固结时偏应力变化幅度为 159.02 kPa。在被动挤伸路径下,相同轴向固结应力时,膨胀土在 K_0 固结状态下所承受的实际开挖卸荷应力较等压固结时小,即在轴向卸荷时 K_0 固结下的膨胀土更易产生破坏。

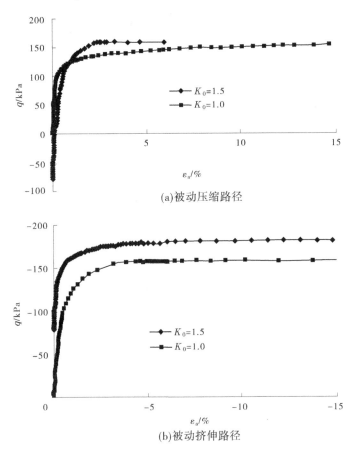

(a)被动压缩路径

(b)被动挤伸路径

图 2-22　相同轴压下两种卸荷路径下的应力-应变关系曲线

2.4.4　应力(应变)及应变速率与时间的关系

图 2-23 为 K_0 固结被动压缩路径下 $\sigma'_{a0} = 320$ kPa,$\dot{q} = 0.02$ kPa/min 时的应力(应变)与时间的关系曲线。可以看出,偏应力 q 随时间线性增加($\dot{q} = 0.02$ kPa/min),而应变随时间则呈指数型增长曲线,且存在一临界点。在小于该临界点时,随着时间的增加,应变缓幅增加;在大于该临界点时,应变随时间的增加大幅增加。应变速率-时间关系曲线与

应变-时间关系曲线形状基本类似,均呈指数型。

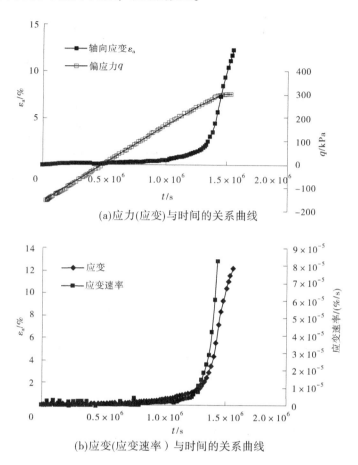

(a)应力(应变)与时间的关系曲线

(b)应变(应变速率)与时间的关系曲线

图 2-23　应力(应变)及应变速率与时间的关系曲线

被动压缩路径和被动挤伸路径下不同应力速率时的应变-时间关系曲线如图 2-24 所示。

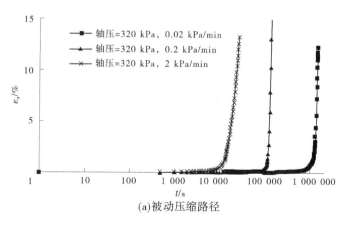

(a)被动压缩路径

图 2-24　K_0 固结下不同卸荷速率时的 ε_a-t 关系曲线

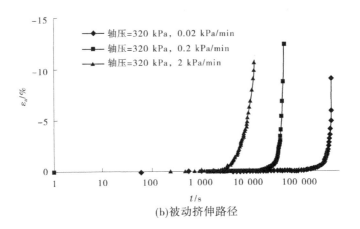

(b)被动挤伸路径

续图 2-24

　　为与常规应变速率效应的试验结果进行对比分析,我们比较关心的一个问题是,应力速率与应变速率的相互关系如何建立? 或者应力速率每增加 10 倍时,应变速率如何变化? 为此,分别选取不同应力速率下一定轴向应变时的应变速率(以 K_0 固结和等压固结下 $\sigma'_{a0} = 320$ kPa 的被动挤伸路径为例),如表 2-5 所示。

表 2-5　被动挤伸路径下不同应变时的应变速率

固结方式	卸荷速率/(kPa/min)	轴向应变 ε_a 下的应变速率/(%/s)				
		0.1%	0.5%	1%	5%	9%
K_0 固结	0.02	$2.0×10^{-6}$	$4.3×10^{-6}$	$1.3×10^{-5}$	$1.1×10^{-4}$	$2.2×10^{-4}$
	0.2	$2.4×10^{-5}$	$6.2×10^{-5}$	$1.5×10^{-4}$	$7.6×10^{-4}$	$1.9×10^{-3}$
	2	$1.1×10^{-4}$	$6.3×10^{-4}$	$7.9×10^{-4}$	$9.7×10^{-4}$	$4.5×10^{-3}$
等压固结	0.02	$9.3×10^{-7}$	$2.2×10^{-6}$	$3.9×10^{-6}$	$1.1×10^{-4}$	$2.0×10^{-3}$
	0.2	$1.3×10^{-5}$	$3.2×10^{-5}$	$4.1×10^{-5}$	$4.4×10^{-4}$	$9.5×10^{-4}$
	2	$8.0×10^{-5}$	$3.8×10^{-4}$	$4.9×10^{-4}$	$6.5×10^{-4}$	$2.4×10^{-3}$

　　可以看出,在 K_0 固结被动挤伸路径下,应力速率为 0.02 kPa/min 时,其应变速率经历了 $2×10^{-6} \sim 2.2×10^{-4}$ %/s 的变化范围,变化幅度约 100 倍,而 2 kPa/min 时其变化幅度约为 40 倍。也就是说,应力速率越小时,其应变速率的变化范围越大。

　　从应变速率对土的力学特性的影响规律来看,应变速率每增加 10 倍,其偏应力会有较大幅度的突增,即其在变应变速率剪切试验中,应力-应变关系曲线会有一个突变。在常应变速率试验中,其应变速率的变化范围较大,也可看作连续的应变速率变化所得应力-应变关系曲线,可用图 2-25 的应力-应变关系图来进行说明。

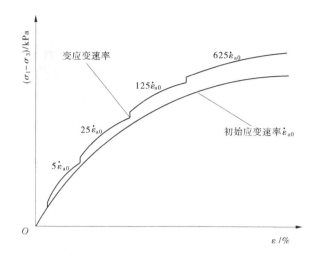

图 2-25　应变速率增加时偏应力变化示意图

2.4.5　膨胀土的屈服强度

2.4.5.1　剪切带理论及其应用

实际工程设计中,在已满足相关规范要求且有一定安全储备的情况下,深基坑失稳及高边坡滑塌等时有出现,这可能与应变局部化有关。基于应变局部化的理论解析和试验研究表明,在轴对称条件下,土体应变局部化产生于土体的应变软化阶段,而在平面应变条件下,土体的应变局部化出现在土体的应力应变硬化阶段,而叶朝汉等对常规三轴试验研究结果表明,在硬化阶段亦有应变局部化产生。

剪切带理论认为,当剪切带出现时,剪切过程中的孔隙水压力会发生较大的变化,且一般认为孔隙水压力的急剧增加是土样屈服的外部表现,可将孔隙水压力开始发生急剧增长的转折点看作试样的屈服点。

在试验过程中也发现,当剪切带形成后,其剪切破坏均沿着剪切带进行,而其余土体仍完好。在应力-应变关系曲线上,其存在明显的弯点:当偏应力大于此值时,偏应力的微小增加即产生较大的位移,具有明显的实际意义。但在实际计算过程中,该点不易直接获得,可通过屈服点或剪切带的形成点间接获得。以往的研究多是基于平面应变试验或常规三轴试验,本次是基于卸荷路径下的相关试验,进行屈服强度的获得。

图 2-26 为 $\sigma'_{a0} = 320$ kPa 时被动压缩路径和被动挤伸路径下的 u-q 关系曲线。按照剪切带形成点的确定方法,可以得到其屈服点的偏应力值 q_y 及其应变 ε_y,见表 2-6。

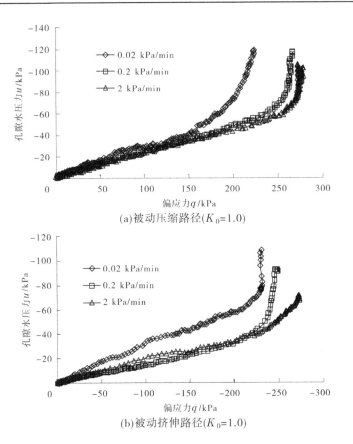

(a)被动压缩路径($K_0=1.0$)

(b)被动挤伸路径($K_0=1.0$)

图 2-26　被动压缩路径和被动挤伸路径下的 $u\text{-}q$ 关系曲线

表 2-6　基于剪切带理论的屈服应力及应变值

固结方式	试验类型	轴向固结应力/kPa	$\dot{q}=0.02$ kPa/min		$\dot{q}=0.2$ kPa/min		$\dot{q}=2$ kPa/min	
			ε_y/%	q_y/kPa	ε_y/%	q_y/kPa	ε_y/%	q_y/kPa
$K_0=1.5$	被动压缩	80	—	—	—	—	—	—
		160	0.62	106.10	2.17	155.98	1.57	158.64
		240	1.64	160.60	2.59	197.38	2.03	218.99
		320	1.28	244.00	4.20	294.80	2.08	296.30
	被动挤伸	80	—	—	—	—	—	—
		160	0.51	147.44	0.89	164.68	1.06	171.99
		240	0.66	213.66	1.18	245.18	1.24	265.08
		320	0.72	264.44	1.74	295.08	1.88	310.44

续表 2-6

固结方式	试验类型	轴向固结应力/kPa	$\dot{q} = 0.02$ kPa/min		$\dot{q} = 0.2$ kPa/min		$\dot{q} = 2$ kPa/min	
			ε_y/%	q_y/kPa	ε_y/%	q_y/kPa	ε_y/%	q_y/kPa
$K_0 = 1.0$	被动压缩	80	0.58	62.77	0.61	67.38	0.81	75.64
		160	1.04	78.30	0.80	118.52	2.35	137.71
		240	1.17	164.35	1.85	185.69	2.74	209.51
		320	1.84	196.99	1.77	240.90	2.88	265.48
	被动挤伸	160	0.45	91.58	0.91	121.79	1.33	150.84
		240	0.47	148.13	1.05	196.95	1.49	210.59
		320	0.73	151.97	1.36	199.77	1.52	236.89

　　从表 2-6 可看出,卸荷速率越大时,出现剪切带所对应的应变越大,这也意味着卸荷速率大时,出现剪切带所需的轴向应变越大。从该角度看,对于开挖工程而言,宜采用较大的开挖速率进行。相同固结方式及卸荷速率时,轴向固结应力增大,其屈服点对应的应变 ε_y 呈增大趋势,即边坡开挖高度越大,该边坡所允许出现的变形越大。卸荷路径对于屈服应变 ε_y 也有一定的影响。无论是 K_0 固结还是等压固结,其被动压缩路径下各速率时的屈服应变 ε_y 总体上均大于被动挤伸路径下的,宜采用被动压缩路径进行边坡开挖。在相同的卸荷路径和卸荷速率时,两种固结方式下屈服应变 ε_y 的变化规律较为紊乱。

　　就剪切带的形成机制而言,不同学者从不同的角度进行了研究。一些学者认为,在微观上,对于饱和土而言,土体由土颗粒和孔隙水组成,且一般认为土颗粒本身和孔隙水不可压缩。屈服点就是土颗粒之间的连接被孔隙水冲破,从而产生不可恢复的塑性变形。而弹塑性变形过程即为土颗粒和孔隙水弹性变化继而孔隙水持续冲破土颗粒连接的过程,从而形成剪切带,直至最后发生剪切破坏。此外,一些学者利用损伤理论进行了剪切带形成及屈服点的确定等相关研究。但两种观点均认为,孔隙水压力在剪切带的形成过程中起着非常重要的作用。

2.4.5.2　ε-p' 关系曲线

　　由前文可知,孔隙水压力的突变点就是土样剪切带开始形成点,而孔隙水压力的突然增大或减小必然反映在平均有效固结应力 p' 上。也就是说,在 ε-p' 关系曲线上必然会有个拐点(屈服点),即随着轴向应变的增加,p' 会出现先减小后增大的趋势。u-q 曲线中孔隙水压力的突变点(屈服点)的确定有时会受一定的主观因素影响,而 ε-p' 关系曲线中的先减小后增大点(屈服点)则更加直观明了。图 2-27 为被动压缩路径下不同固结应力及卸荷速率下的 ε-p' 关系曲线。

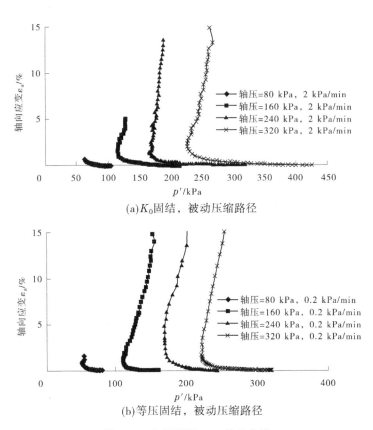

(a)K_0固结，被动压缩路径

(b)等压固结，被动压缩路径

图 2-27　各围压下 ε-p' 关系曲线

ε-p' 关系曲线所得屈服点的偏应力与应变如表 2-7 所示。可以看出，其仅个别数值与表 2-6 有些不同。为与上述 q_y 和 ε_y 区别，在此用 q_p 和 ε_p 进行表示。对比表 2-6 和表 2-7 可知，总体上，其与 u-q 关系曲线所得结论类似。

表 2-7　屈服点的偏应力与轴向应变

固结方式	试验类型	轴向固结应力/kPa	$\dot{q} = 0.02$ kPa/min		$\dot{q} = 0.2$ kPa/min		$\dot{q} = 2$ kPa/min	
			ε_p/%	q_p/kPa	ε_p/%	q_p/kPa	ε_p/%	q_p/kPa
$K_0 =$ 1.5	被动压缩	80	1.06	79.00	0.81	78.60	0.52	76.60
		160	0.93	121.10	2.17	155.98	1.57	158.64
		240	1.64	160.60	3.58	208.64	1.50	214.90
		320	0.78	201.90	4.20	294.80	2.08	296.30
	被动挤伸	80	0.10	63.22	0.79	95.11	—	—
		160	0.30	137.44	0.30	144.68	1.06	171.99
		240	0.66	213.66	1.18	245.18	1.24	265.08
		320	0.72	264.44	1.74	295.08	1.52	287.82

续表 2-7

固结方式	试验类型	轴向固结应力/kPa	$\dot{q} = 0.02$ kPa/min		$\dot{q} = 0.2$ kPa/min		$\dot{q} = 2$ kPa/min	
			$\varepsilon_p/\%$	q_p/kPa	$\varepsilon_p/\%$	q_p/kPa	$\varepsilon_p/\%$	q_p/kPa
$K_0 =$ 1.0	被动压缩	80	0.58	62.77	0.61	67.38	0.81	75.64
		160	1.04	78.30	0.83	120.95	2.35	137.71
		240	1.20	169.76	1.87	197.23	2.40	209.99
		320	1.86	201.03	1.79	244.19	2.88	265.48
	被动挤伸	160	0.20	65.47	0.51	98.02	0.30	93.18
		240	0.47	148.13	0.79	176.95	0.95	185.59
		320	0.73	151.97	1.36	199.77	1.42	223.46

2.4.6　应力速率对不排水剪切强度的影响

2.4.6.1　强度的速率效应

一般认为,土体不排水强度随剪切速率的增大而增大。在剪切速率对不排水强度定量化研究方面,一些学者发现不排水剪切强度与对数坐标下的应变速率呈直线关系。其中,Graham et al. 提出 $\rho_{0.1}$(以应变速率为 0.1%/h 的不排水强度为参照)定量表征应变速率对剪切强度的影响,并得到了广泛的应用。

随后,Sheahan 提出普遍适用的应变速率参数表达式:

$$\rho_{\dot{\varepsilon}_{a0}} = \frac{\dfrac{\Delta S_u}{S_{u0}}}{\Delta(\lg \dot{\varepsilon}_a)} \times 100$$

膨胀土两种卸荷路径下的不排水剪切强度与对数坐标下应力速率的关系如图 2-28 所示。可以看出,不排水强度与对数坐标下的应力速率基本呈直线关系,相关系数达 0.979 以上,其斜率可反映不排水强度随应力速率的变化程度。

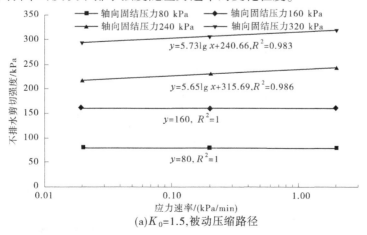

(a)K_0=1.5,被动压缩路径

图 2-28　应力速率与不排水剪切强度的相关关系

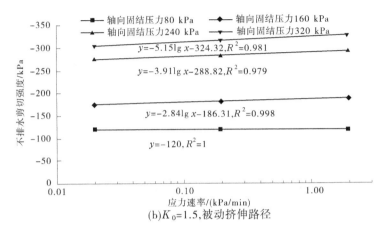

(b) $K_0=1.5$,被动挤伸路径

续图 2-28

故参考 Sheahan 提出的应变速率公式,为定量描述应力速率对不排水强度的影响,将参数中的应变速率 $\dot{\varepsilon}$ 替换为应力速率 $\dot{q}$ 后,得到如下表达式:

$$\rho_{\dot{q}_{a0}} = \frac{\dfrac{\Delta S_u}{S_{u0}}}{\Delta(\lg \dot{q}_a)} \times 100 \qquad (2\text{-}2)$$

式中: $\dot{q}_{a0}$ 为参考应力速率,本书 $\dot{q}_{a0}$ 取 0.02 kPa/min。

不同应力速率下被动压缩路径和挤伸路径的膨胀土不排水剪切强度(屈服强度)及其应力速率参数 $\rho_{0.02}$ 计算结果见表 2-8。

表 2-8　被动压缩路径和被动挤伸路径剪切试验结果

固结方式	试验类型	轴压 σ_1/kPa	剪切速率/(kPa/min)	不排水强度 q_f/kPa	u_f/kPa	$\rho_{0.02}$	q_y	ε_y	$\rho_{0.02y}$	q_y/q_f
$K_0=$ 1.0	被动压缩	80	0.02	—	—	—	62.77	0.58	10.2%	—
			0.2	—	—		67.38	0.61		—
			2	—	—		75.64	0.81		—
		160	0.02	142.38	−110.69	6.09%	78.30	1.04	37.9%	0.55
			0.2	154.27	−96.29		120.95	0.83		0.78
			2	159.71	−107.06		137.71	2.35		0.86
		240	0.02	198.07	−119.87	5.41%	169.76	1.20	8.82%	0.86
			0.2	209.60	−100.98		197.23	1.87		0.94
			2	219.47	−98.30		199.69	2.69		0.91
		320	0.02	245.30	−129.36	5.42%	201.03	1.86	16.03%	0.82
			0.2	263.72	−108.90		244.19	1.79		0.93
			2	271.88	−105.00		265.48	2.88		0.98

续表 2-8

固结方式	试验类型	轴压 σ_1/kPa	剪切速率/(kPa/min)	不排水强度 q_f/kPa	u_f/kPa	$\rho_{0.02}$	q_y	ε_y	$\rho_{0.02y}$	q_y/q_f
$K_0=1.0$	被动挤伸	160	0.02	160	-102.60		65.47	0.20		0.41
			0.2	160	-91.53	—	98.02	0.51	21.16%	0.61
			2	160	-89.55		93.18	0.30		0.58
		240	0.02	225.89	-130.24		148.13	0.47		0.66
			0.2	237.16	-108.26	4.73%	176.95	0.79	12.64%	0.75
			2	247.24	-104.98		185.59	0.85		0.75
		320	0.02	235.86	-119.09		151.97	0.73		0.64
			0.2	250.02	-90.96	4.91%	199.77	1.36	23.52%	0.80
			2	259.16	-68.40		223.46	1.42		0.86
$K_0=1.5$	被动压缩	80	0.02	80	-35.50		79.00	1.06		0.99
			0.2	80	-29.80	—	78.60	0.93	—	0.98
			2	80	-40.10		—	—		0.96
		160	0.02	160	-102.70		121.10	0.93		0.76
			0.2	160	-92.80	—	155.98	2.17	15.48%	0.97
			2	160	-101.00		158.60	1.57		0.99
		240	0.02	213.30	-140.60		160.60	1.64		0.75
			0.2	232.70	-109.90	6.07%	208.64	3.58	16.91%	0.90
			2	239.80	-101.50		214.90	1.50		0.90
		320	0.02	294.30	-183.60		211.90	1.58		0.72
			0.2	305.20	-145.80	5.17%	294.80	4.20	19.92%	0.97
			2	320.30	-156.50		296.30	2.08		0.93
	被动挤伸	80	0.02	-120	-24.60		63.22	0.10		-0.53
			0.2	-120	-23.80	—	95.11	0.79	—	-0.79
			2	-120	-8.70		—	—		-
		160	0.02	-176.00	-72.90		137.44	0.30		-0.78
			0.2	-181.50	-57.20	3.74%	149.68	0.45	12.57%	-0.82
			2	-188.40	-67.50		171.99	1.06		-0.91
		240	0.02	-261.00	-86.10		213.66	0.66		-0.82
			0.2	-268.00	-71.60	3.28%	245.18	1.18	9.18%	-0.91
			2	-278.20	-49.70		252.88	1.63		-0.91
		320	0.02	-318.70	-108.60		264.44	0.72		-0.83
			0.2	-333.30	-83.90	3.90%	295.08	1.74	4.42%	-0.89
			2	-343.60	-73.90		287.82	1.52		-0.84

从表 2-8 中可以看出，$\rho_{0.02}$ 在小轴向压力时不存在，这是因为在轴向压力为 80 kPa 和 160 kPa 的被动压缩路径和轴向压力为 80 kPa 的被动挤伸路径条件下，3 种应力速率下的偏应力均增至设定极限偏应力，这是应力控制下卸荷剪切路径所致。

K_0 固结时，在轴向固结压力为 240 kPa 和 320 kPa 的被动压缩路径条件下，$\rho_{0.02}$ 分别为 6.07% 和 5.17%，其平均值为 5.62%；被动挤伸路径下轴向固结应力为 160 kPa、240 kPa 和 320 kPa 下的 $\rho_{0.02}$ 分别为 3.74%、3.28% 和 3.90%，其平均值为 3.64%。这说明应力速率变化相同倍数下，被动压缩路径下的不排水剪切强度增加值要大于被动挤伸路径下的不排水强度。从这个意义上来说，被动压缩路径下，应力速率的变化对不排水剪切强度的影响程度大于被动挤伸路径，这在图 2-28 中也有所反映，即被动压缩路径试验的平均斜率为 5.69，大于被动挤伸路径试验的平均斜率(3.97)。其在屈服强度上的变化规律与破坏强度上基本相同，即应力速率对于被动压缩路径下的屈服强度参数的影响较被动挤伸路径下的大。

等压固结时，被动压缩路径下的 $\rho_{0.02}$(平均值为 5.64%)较被动挤伸路径(平均值为 4.82%)下的大，但幅度较 K_0 固结时有所减小，即应力速率对于被动压缩路径的影响较被动挤伸路径时大。但在屈服强度的速率参数上，应力速率的影响规律较为凌乱，其变化幅度也较为复杂。

此外，叶朝汉等认为屈服强度 q_y 与破坏强度 q_f 的比值与初始固结应力有一定的规律，但从表 2-8 中可以看出，对于膨胀土而言，其比值与初始固结应力的规律性不明显。但在相同固结应力时，其与剪切速率却有着一定的规律，其随着剪切速率的增加而增加，但增幅与固结应力等相互耦合。

2.4.6.2　强度参数

速率对于强度的影响必然反映在其强度参数上，其强度参数如表 2-9 所示。

表 2-9　不同卸荷速率下的破坏强度参数

固结方式	卸荷路径	$\dot{q} = 0.02$ kPa/min		$\dot{q} = 0.2$ kPa/min		$\dot{q} = 2$ kPa/min	
		c_f/kPa	φ_f/(°)	c_f/kPa	φ_f/(°)	c_f/kPa	φ_f/(°)
$K_0 =$ 1.0	被动压缩	27.42	21.84	31.56	23.42	34.54	24.66
	被动挤伸	24.92	18.63	28.56	20.78	30.56	23.25
$K_0 =$ 1.5	被动压缩	26.84	22.87	30.99	26.88	34.41	28.40
	被动挤伸	22.51	16.24	25.56	19.41	28.44	22.93

从表 2-9 可以看出，随着剪切速率的增加，强度参数 c_f 和 φ_f 均有不同程度的增加；相同固结状态下，被动压缩路径下的强度参数较被动挤伸路径的大。就内摩擦角而言，其本质为剪切面上切向应力与竖向应力的比值。在三轴剪切过程中，速率较大时，剪切破坏面形成时的阻力越大，其需要的能量也越大，故在相同的固结围压下，剪切速率越大，其内摩擦角越大。

对于工程设计而言，对于剪切带效应明显的膨胀土边坡，采用峰值强度参数存在一定的风险,在设计中应考虑土体的应变局部化的影响。建议采用剪切带开始形成点对应的偏应力所确定的抗剪强度参数进行工程设计。

屈服点处的偏应力值 q_y 按应力圆作图法获得其屈服强度参数,具体参数见表 2-10。可以看出,其基本变化规律与峰值强度参数类似。其 φ_y 与 φ_f 相差不多,而 c 则有较大幅度的减小。也就是说,屈服强度参数与峰值强度参数的不同主要表现在 c 上。

表 2-10　不同卸荷速率下的屈服强度参数

固结方式	卸荷路径	$\dot{q} = 0.02$ kPa/min		$\dot{q} = 0.2$ kPa/min		$\dot{q} = 2$ kPa/min	
		c_f/kPa	φ_f/(°)	c_f/kPa	φ_f/(°)	c_f/kPa	φ_f/(°)
$K_0 = 1.0$	被动压缩	25.10	19.34	24.92	24.18	30.11	24.42
	被动挤伸	20.51	16.64	25.16	20.04	28.02	22.55
$K_0 = 1.5$	被动压缩	20.10	20.66	24.80	23.36	27.12	26.15
	被动挤伸	21.71	15.10	24.42	19.74	25.00	20.16

2.4.7　破坏模式

土体的破坏模式与土体结构及外部因素密切相关。膨胀土样在两种卸荷路径下的破坏模式如图 2-29 所示。

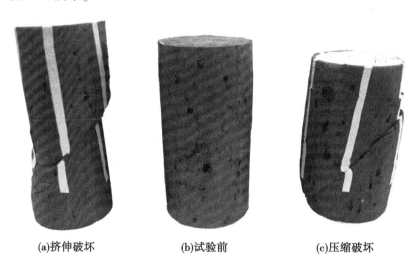

(a)挤伸破坏　　　　　　(b)试验前　　　　　　(c)压缩破坏

图 2-29　膨胀土不同卸荷路径下的破坏模式

试验中发现,不论卸荷速率的大小,两种卸荷路径下的膨胀土剪切破坏后均有明显的剪切带,所不同的是剪切带的角度大小,与软黏土的破坏模式(见图 2-30)存在明显不同。

一般认为,土体的破坏模式可以理解为土体在剪切变形过程中土颗粒的方向的重新调整所致。Vyalov 在 1986 年即指出,对于软黏土,当土体变形时,土颗粒的方向会发生变化,且变化的方向与剪切的方向平行。在较大速率时,土体颗粒的方向来不及调整即发生

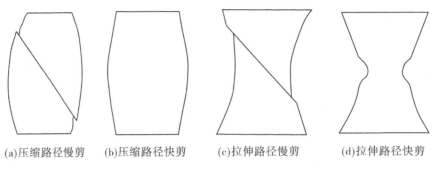

| (a)压缩路径慢剪 | (b)压缩路径快剪 | (c)拉伸路径慢剪 | (d)拉伸路径快剪 |

图 2-30　软黏土在不同速率及路径下的破坏模式

破坏,但当剪切过程的时间足够长时,土颗粒的方向会有所调整。也就是说,土颗粒方向调整的过程除与所施加的应力有关外,剪切过程的长短有时会起决定作用。但在作为硬黏土的膨胀土上,由于原状膨胀土的不均匀性,其施加偏应力后,土样中最薄弱点的变形会较其他部位大,一旦该薄弱点达到破坏,就会对其相邻颗粒产生影响进而达到破坏,从而导致了剪切带的形成。剪切速率对于其破坏模式影响并不明显。所以,对于硬黏土来讲,剪切过程中土颗粒方向的调整主要集中于剪切带附近,而其他部位相对影响较小。这也进一步说明了硬黏土与软黏土的剪切破坏机制不同。

2.5　考虑超固结比膨胀土的速率效应

2.5.1　超固结比的确定方法

通常认为,先期固结压力是指历史上土体受到的最大竖向有效固结压力。王清等认为,土体的先期固结压力除受上覆荷载控制外,还与其物质组成和结构特征相关。土体从微观上来说都是具有结构性的,传统方法测定的先期固结压力应为结构屈服压力 σ_k,结构屈服压力 σ_k 是先期固结压力 p_c 与结构强度之和,而结构强度是由于土沉积过程中的物理化学因素使颗粒相互接触产生的固化联结键而形成的。此外,取土卸荷及削样过程均会对原状土体产生一定影响。

如图 2-31 所示为两种固结方法所得膨胀土样的应力-应变关系曲线。其中 1# 为将膨胀土样反压饱和后在有效固结轴压为 80 kPa 下固结后进行轴压不变、围压减小的被动压缩试验;2# 为将膨胀土先在平均先期固结压力 160 kPa 下固结后再卸荷至 80 kPa 后进行被动压缩试验,剪切速率均为 2 kPa/min。按照 Recompression 法和 SHANSEP 法,1# 和 2# 膨胀土样的超固结比均为 2。但由图 2-31 可看出,在相同卸荷应力路径下,两个膨胀土样的应力-应变曲线相差较大。在室内三轴试验中重新固结应力的大小对其力学特性影响明显,这表明取土卸荷过程对膨胀土样结构的影响显著。为表征取土卸荷过程及室内重新固结应力对原状膨胀土样的影响,书中均以室内三轴仪上重新固结时的最大压力为其近似先期固结压力,即图 2-31 中 1# 膨胀土样的近似先期固结压力为 80 kPa,超固结比视为 1;2# 膨胀土样的超固结比为 2。

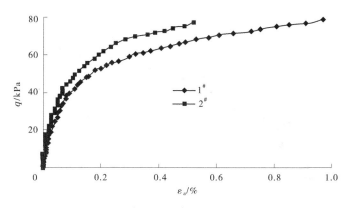

图 2-31　不同室内固结历史下的应力-应变关系曲线

2.5.2　K_0 固结不同超固结比膨胀土的力学特性

2.5.2.1　卸荷速率的影响

相同超固结比时,不同应力速率下的偏应力 q 随应变 ε_a 的变化规律类似,仅给出 OCR=3 时的偏应力(孔隙水压力)-应变关系曲线如图 2-32 和图 2-33 所示,有效应力路径如图 2-34 所示。其中偏应力 q 与平均有效应力 p' 以有效初始固结压力 p'_0 进行归一化。

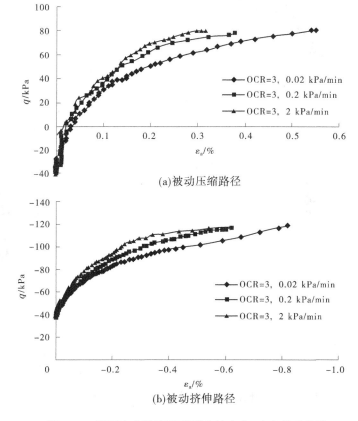

(a)被动压缩路径

(b)被动挤伸路径

图 2-32　不同应力速率下膨胀土的应力-应变关系曲线

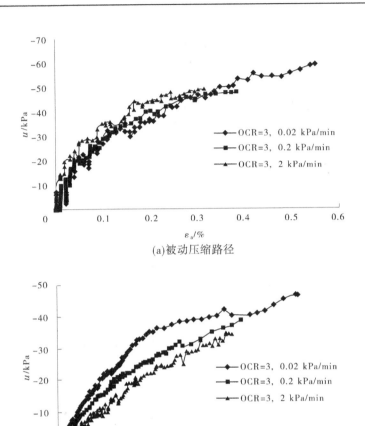

(a)被动压缩路径

(b)被动挤伸路径

图 2-33 膨胀土在不同应力速率下的孔隙水压力-应变关系曲线

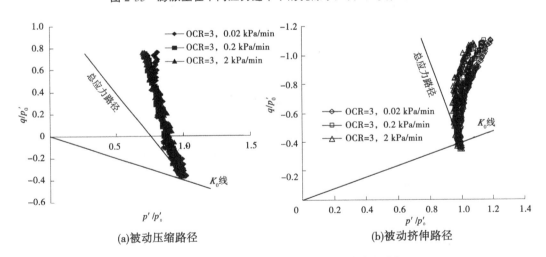

(a)被动压缩路径

(b)被动挤伸路径

图 2-34 膨胀土在不同应力速率下的有效应力路径

从图 2-32 可以看出,在被动压缩路径和被动挤伸路径下,应力-应变关系曲线均呈双曲线型,在应变很小(如小于 0.5%)时也是如此。这说明膨胀土具有显著的非线性特性,进一步验证土体变形一开始就由弹性和塑性两部分组成。

应力速率对其应力-应变关系曲线的影响规律与应变速率类似,即相同轴向应变时,其偏应力值随应力速率的增大而增大,其机制同前文中的颗粒错动效应。

在被动压缩路径下,达到设定极限偏应力时,卸荷速率为 0.02 kPa/min 和 2 kPa/min 时土样轴向应变为 0.55% 和 0.32%,相差约 0.23%,这意味着对于膨胀土边坡开挖而言,开挖速率的选择对其变形发展影响显著。仅从控制边坡变形角度看,宜采用快速开挖的方式进行。

从图 2-33 可以看出,在被动压缩路径和被动挤伸路径下,随着轴向应变的增加,孔隙水压力始终为负值,土样始终处于剪胀状态,这与常规三轴试验结果大不相同。对于超固结土,在常规三轴剪切试验中,随着剪切的进行,其孔隙水压力会先增加,出现正峰值后逐渐减小并产生负孔隙水压力,这说明卸荷及加荷剪切路径对其孔隙水压力变化规律影响显著,同时也验证了土体的路径依赖性。

图 2-34 表明,相同超固结比下,被动压缩路径时孔隙水压力-应变关系曲线基本重合,而被动挤伸路径下的孔隙水压力随应力速率单调变化。这在图 2-34 中不同应力速率下有效应力路径的变化规律中有所反映,即被动压缩路径时的有效应力路径基本重合,而被动挤伸路径下的有效应力路径从左到右依次为 2 kPa/min、0.2 kPa/min 和 0.02 kPa/min。孔隙水压力是影响不排水剪切强度及有效应力路径的重要因素,但对其速率效应的研究尚未形成共识,对于孔隙水压力随超固结比及应力速率之间的变化规律还需深入研究。

2.5.2.2　超固结比的影响

相同应力速率(0.2 kPa/min)时,膨胀土不同超固结比下的偏应力 q 随轴向应变 ε_a 的变化规律类似,其偏应力(孔隙水压力)-应变关系曲线如图 2-35 和图 2-36 所示,有效应力路径见图 2-37。

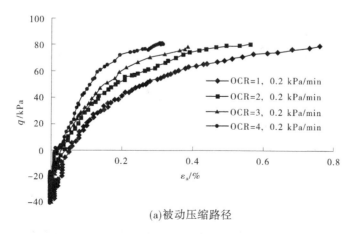

(a)被动压缩路径

图 2-35　膨胀土不同超固结比(OCR)下的偏应力-应变关系曲线

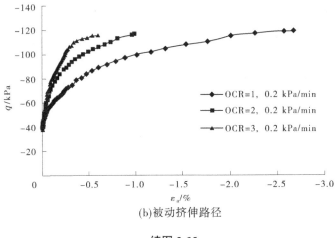

(b)被动挤伸路径

续图 2-35

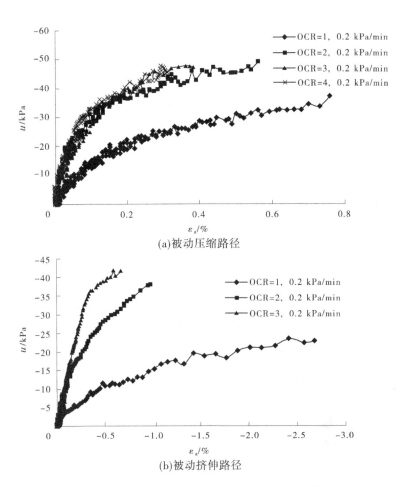

(a)被动压缩路径

(b)被动挤伸路径

图 2-36 膨胀土在不同超固结比下的孔隙水压力–应变关系曲线

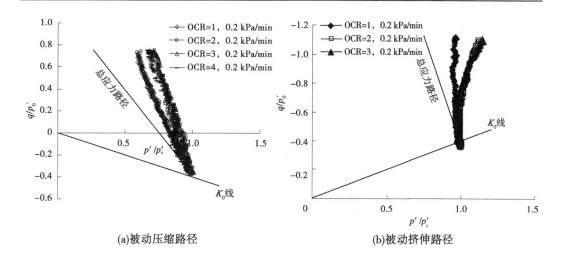

(a)被动压缩路径   (b)被动挤伸路径

图 2-37   膨胀土在不同超固结比下的有效应力路径

从图 2-35 中可以看出,在 $\dot{q}$ =0.2 kPa/min 时,无论是被动压缩路径还是被动挤伸路径,不同超固结比下土样应力-应变关系曲线形态基本类似。随着超固结比的增加,相同轴向应变时偏应力值依次增大,达到设定极限偏应力时的轴向应变依次减小,如被动压缩路径下超固结比由 1 增至 4 时,达到极限偏应力时的轴向应变分别为 0.76% 和 0.32%,减小了约 58%,应力历史对于膨胀土的变形特性影响显著。这是因为超固结比越大,先期固结压力越大,在经历了卸荷回弹至相同平均固结应力后,由于塑性变形部分无法恢复,其孔隙比较小,宏观表现为较大的强度或模量。

从图 2-37 可看出,相同应力速率(0.2 kPa/min)下,被动压缩路径下的有效应力路径线随着 q 的增大,p′基本线性减小,其斜率可用 dq/dp′表示,超固结比的影响可通过该斜率进行反映。被动挤伸路径下,超固结比 OCR=1 时,有效应力路径基本呈竖直状发展,即随着偏应力 q 的增大,平均有效固结应力 p′基本不变,应力路径的这种发展规律符合胡克定律得到的平均有效应力与偏应力的关系,也就是在该竖直发展的范围内,土样基本表现为弹性变形;随着超固结比的增加,在保持较短的竖直状发展后,有效应力路径线向右偏转,即随着偏应力 q 的增大,p′也增大。超固结比(应力历史)对有效应力路径的发展也有一定的影响。

2.5.2.3 卸荷应力路径的影响

图 2-38 为 OCR=3、$\dot{q}$ =0.2 kPa/min 的偏应力(孔隙水压力)-应变关系曲线及有效应力路径线。可以看出,两种剪切路径下的极限偏应力分别为 80 kPa 和-120 kPa,达到极限偏应力时的轴向应变分别为 0.35% 和 0.71%,被动挤伸路径下达到设定极限偏应力时的轴向应变明显大于被动压缩路径,变化幅度约 1 倍。这说明在膨胀土地区开挖边坡时,开挖路径的选择对膨胀土体变形特性的影响十分显著。

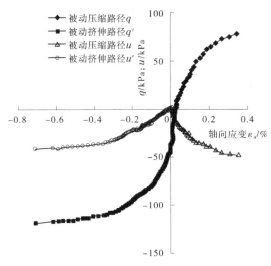

(a)偏应力(孔隙水压力)-应变关系曲线

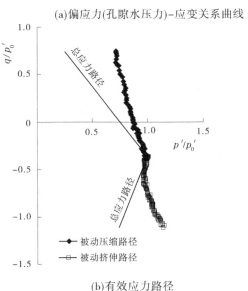

(b)有效应力路径

图 2-38 两种路径下的偏应力(孔隙水压力)-应变关系曲线及有效应力路径

从孔隙水压力-应变关系曲线可以看出,孔隙水压力在剪切初期时被动压缩路径的下降速率较被动挤伸路径下大,且降幅亦较被动挤伸路径大。这说明被动压缩路径下其轴向应变较小除与极限偏应力有关外,较小的负孔隙水压力也是导致该现象的一个因素。

2.5.3 等压固结下超固结膨胀土的力学特性

为与 $K_0 = 1.5$ 的膨胀土力学特性进行对比,进行了等压固结($\sigma'_0 = 80$ kPa)下不同超固结比膨胀土被动压缩路径下的不排水剪切三轴试验。由于变化规律类似,仅给出 $\dot{q} = 0.2$ kPa/min 及 OCR = 2 时的相关试验结果如图 2-39 和图 2-40 所示。

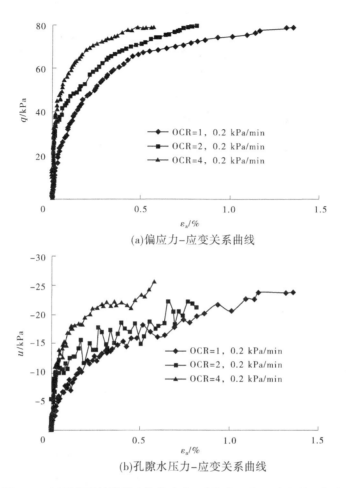

(a)偏应力-应变关系曲线

(b)孔隙水压力-应变关系曲线

图 2-39   不同超固结膨胀土的偏应力(孔隙水压力)-应变关系曲线

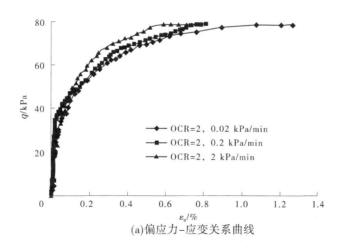

(a)偏应力-应变关系曲线

图 2-40   不同卸荷速率时的膨胀土偏应力(孔隙水压力)-应变关系曲线

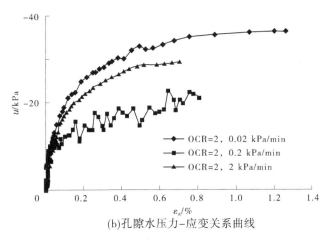

(b)孔隙水压力-应变关系曲线

续图 2-40

可以看出,超固结比对于膨胀土力学特性的影响与 K_0 固结下的基本类似,即超固结比越大,相同轴向应变的偏应力值亦越大,但孔隙水压力的降幅基本随着超固结比的增加而增大,其降幅与应力速率的关系不明显,但也基本表现为 0.02 kPa/min 时的膨胀土孔隙水压力降幅最大。

2.5.4 不同初始固结状态下超固结膨胀土的力学特性

OCR=4 时,K_0 固结和等压固结下卸荷速率为 0.02 kPa/min 时的应力-应变关系曲线如图 2-41(a)所示。可以看出,固结方式的不同对于偏应力-应变关系影响较大。总体上,以剪切应力从 0 开始等压固结下的土体偏应力-应变关系曲线在剪切初期较陡,而随着剪切的进行,偏应力-应变关系曲线变缓,而 K_0 固结时,在初期其卸荷至偏应力为 0 时,偏应力-偏应变关系曲线较陡,但随着偏应力的增大,其偏应力-应变关系曲线较等压固结时缓,并逐渐达到设定极限偏应力 80 kPa。但需注意的是,在达到极限偏应力时,等压固结下的轴向应变较 K_0 固结下的大。这在超固结比 OCR=1 时的偏应力-应变关系曲线[见图 2-41(b)]上也有类似规律。

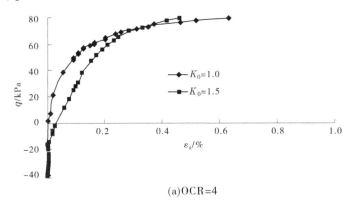

(a)OCR=4

图 2-41 两种固结方式下的偏应力-应变关系曲线

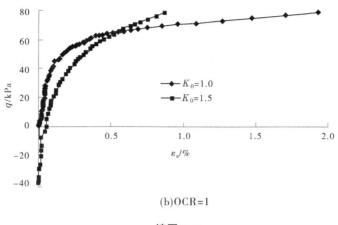

(b)OCR=1

续图 2-41

表 2-11 为不同固结方式时剪切至极限偏应力时的轴向应变 ε_{100}。可以看出,在相同超固结比时,ε_{100} 随着卸荷速率的增加而单调减小;在相同卸荷速率时,超固结比越大,ε_{100} 单调减小,这说明超固结比和卸荷速率越大时,对于开挖边坡越有利。在相同卸荷速率和超固结比时,固结方式对于轴向应变 ε_{100} 的影响同上述规律类似,即在相同的外部条件下,等压固结时达到极限偏应力的轴向应变较大,这也说明固结方式对于膨胀土卸荷力学特性的影响较为复杂。从卸荷模量上看,等压固结时的膨胀土较 K_0 固结时大,有利于边坡开挖;而从边坡工程控制变形的角度看,K_0 固结较等压固结时优势明显。

表 2-11　极限偏应力时的轴向应变 ε_{100}

固结方式	卸荷速率	$\varepsilon_{100}/\%$			
		OCR = 1	OCR = 2	OCR = 3	OCR = 4
K_0 固结	0.02	0.87	0.78	0.55	0.46
	0.2	0.76	0.56	0.40	0.32
	2	0.60	0.47	0.32	0.27
等压固结	0.02	2.10	1.26	—	0.63
	0.2	1.48	0.78	—	0.47
	2	1.02	0.59	—	0.23

2.5.5　速率及 OCR 对割线模量的影响

近年来,国内外均开展了土体小应变特性的研究。Smith(1992)对黏土小变形特性进行了深入研究,认为土体的应变状态可划分为线弹性区、非线性小应变区和弹塑性区 3 个区域;Clayton 对应力路径、应力历史对小应变土体刚度的影响进行了相关研究。我国学者施建勇等以能量方程为基础,推导出能够考虑各向异性和小应变条件的土体弹塑性本构模型。

上述研究主要集中于非常小应变范围内的模量或刚度的研究,对于膨胀土开挖边坡而言,其在较小的极限偏应力时(开挖边坡高度较小时),土体会有一定的变形,但并未达到15%的破坏应变。工程现场观测数据表明,实际工程中土体应变均在3%以内,利用常规三轴试验所得力学参数无法反映土体在较小应变范围内的力学特性。本节中的"小应变"即为"应变小于1%"。

利用GDS应力路径三轴仪,通过较高的数据采集频率,得到了膨胀土在小应变(<1%)的割线模量与应变的相关关系。图2-42为被动压缩路径和被动挤伸路径下不同超固结比(OCR=1、2、3和4)和卸荷速率为0.02 kPa/min时的割线模量随应变发展的情况,在此均以 $K_0 = 1.5$ 时所得试验结果进行分析。

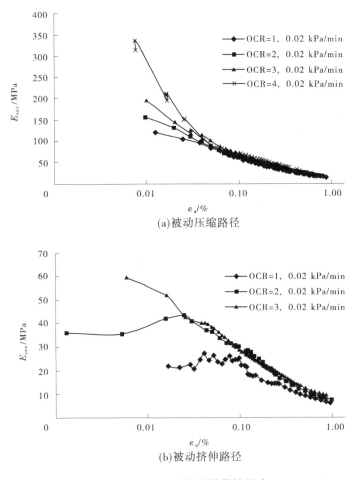

(a)被动压缩路径

(b)被动挤伸路径

图2-42　OCR对割线模量的影响

可以看出,超固结比对于膨胀土的初始割线模量影响显著,超固结比越大,初始割线模量越大。在被动压缩路径下,均表现为在剪切初期剪切模量陡降,随着轴向应变>0.3%以后,各超固结比下的割线模量基本重合。但在被动挤伸路径下的割线模量随轴向应变的变化规律较为复杂,但总体上仍表现为下降趋势,并在轴向应变为 0.5% 时割线模量基本重合。不同的是,被动挤伸路径状态下,土体割线模量在轴向应变<0.03% 时,其割线模量基本不变,即在较小的轴向应变范围内,偏应力随应变直线增加,这与前文中的应力-应变关系曲线相吻合。

从图 2-43 可以看出,在被动压缩路径和被动挤伸路径下,其基本表现为卸荷速率越大,初始割线模量越大,但后期衰减速率基本相同。也就是说,卸荷速率对于割线模量的影响主要表现为初始割线模量上,对于割线模量随轴向应变的衰减速率基本没有影响。

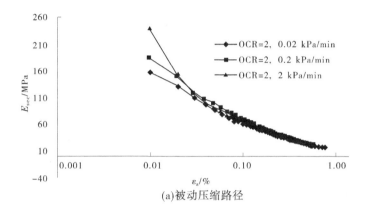

(a)被动压缩路径

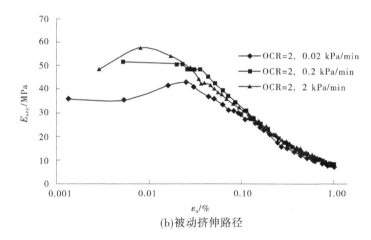

(b)被动挤伸路径

图 2-43　速率对割线模量的影响

但在工程计算中,设计人员更关心其变形模量。变形模量是表征土体变形刚度的重要指标,应用广泛,一般用 E_{50} 表示,即

$$E_{50} = q_{50}/\varepsilon_{50} \tag{2-3}$$

式中:q_{50} 为常规三轴路径下峰值剪切强度 q_f 的 50%;ε_{50} 为 q_{50} 所对应的应变。

为了解极限偏应力范围内超固结比及应力速率对膨胀土卸荷变形模量的影响规律,采用 E_{100} 进行表述,即

$$E_{100} = q_{100}/\varepsilon_{100} \tag{2-4}$$

式中:q_{100} 为设定的极限偏应力;ε_{100} 为达到极限偏应力时的轴向应变。

被动压缩路径和被动挤伸路径下不同超固结比膨胀土的变形模量 E_{100} 如图 2-44 所示。可以看出,相同速率、相同超固结比下,被动压缩路径下膨胀土的变形模量 E_{100} 大于被动挤伸路径下的。不论是被动压缩路径还是被动挤伸路径,相同应力速率下,超固结比越大,变形模量 E_{100} 也越大,这说明应力历史对膨胀土变形特性影响较为显著。

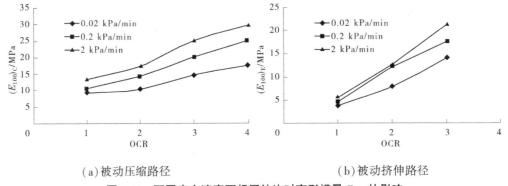

(a)被动压缩路径　　　　　　　　　　(b)被动挤伸路径

图 2-44　不同应力速率下超固结比对变形模量 E_{100} 的影响

在等压固结被动压缩路径下,变形模量 E_{100} 总体变化规律与 K_0 固结类似,均表现为随着应力速率及超固结比的增加,变形模量单调增加。对比被动压缩路径下等压固结和 K_0 固结时的变形模量 E_{100},可以发现,等压固结时的变形模量总体上小于 K_0 固结下的 E_{100}。

为反映 K_0 固结两种应力路径下膨胀土卸荷变形模量的变化规律,参考强度各向异性 $[(C_u)_C/(C_u)_E]$ 的表示方法,其中 $(C_u)_C$ 为被动压缩路径下的不排水强度,$(C_u)_E$ 为被动挤伸路径下的不排水强度;给出变形模量各向异性参数 $[(E_{100})_C/(E_{100})_E]$ 与超固结比 OCR 的关系曲线如图 2-45 所示,其中 $(E_{100})_C$ 和 $(E_{100})_E$ 分别为被动压缩路径和被动挤伸路径下的变形模量。

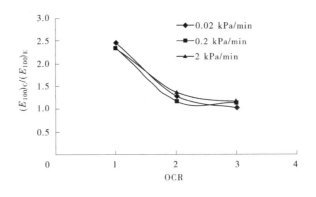

图 2-45　超固结比(OCR)对变形模量各向异性的影响

从图 2-45 可以看出,在 3 种应力速率下,$[(E_{100})_C/(E_{100})_E]$ 值随超固结比的增加呈下降趋势,下降幅度及规律基本一致,即超固结比 OCR 由 1 增至 3 时,$[(E_{100})_C/(E_{100})_E]$ 值由 2.4 降至 1.1,变形模量的各向异性性质在减弱。这说明膨胀土初始各向异性较为显著,经历卸荷过程后,其变形模量各向异性明显减弱。

2.6　小　结

采用 GDS 应力路径三轴试验系统,进行了考虑初始固结状态及卸荷速率的被动压缩路径和被动挤伸路径下膨胀土的三轴不排水剪切试验,得到了以下结论:

(1)在等压固结和 K_0 固结状态下,固结应力对于膨胀土不排水剪切强度的影响显著。随着固结应力的增大,不排水剪切强度单调增加。无论何种固结应力(正常固结或超固结)下,其孔隙水压力均单调减小,并始终保持为负值。

(2)在被动压缩路径和被动挤伸路径下,无论是等压固结还是 K_0 固结,膨胀土的不排水剪切强度均随应力速率增加而增加,其机制在于颗粒错动效应。引入应力速率参数 $\rho_{0.02}$ 后发现,应力速率每增加 10 倍,K_0 固结状态时被动压缩路径下的不排水强度增加约 5.62%,被动挤伸试验的不排水强度增加约 3.64%。在等压固结状态时也有类似规律。应力速率对被动压缩路径下膨胀土不排水剪切强度的影响较被动挤伸路径显著。

(3)应力速率越大,被动挤伸路径下孔隙水压力降幅越小,但在被动压缩路径下则无此单调变化规律。两种卸荷路径下均表现为应力速率为 0.02 kPa/min 时,其孔隙水压力降幅最大。

(4)在研究应力(应变)-时间关系的基础上发现,在常应力速率剪切过程中,应变速率随应变的增加会经历一个从小应变速率到大应变速率的过程,呈阶梯状,且应力速率越小,剪切过程中应变速率的变化范围越大。

(5)分别采用 u-q 曲线和 ε-p' 曲线获得了其拐点强度及应变,研究发现两种方法所得屈服强度基本相同,并基于此获得了屈服强度参数及其应力速率参数。以应力速率参数 $\rho_{0.02}$ 量化分析后发现,卸荷速率对于屈服强度影响较峰值强度显著。

(6)K_0 固结和等压固结下,超固结比和卸荷速率对于膨胀土应力-应变关系曲线的影响基本类似,即超固结比和卸荷速率越大,相同轴向应变所对应的偏应力也越大。

(7)超固结比和卸荷速率对于膨胀土的初始割线模量影响显著。超固结比和卸荷速率越大,初始割线模量越大。在被动压缩路径下,表现为在剪切初期剪切模量陡降。在被动挤伸路径下,土体割线模量在轴向应变<0.03%时,其割线模量基本不变,随后割线模量下降。两种卸荷路径下,其后期衰减速率与超固结比相关,但对卸荷速率不敏感。

第3章　卸荷损伤原状膨胀土剪切力学特性

3.1　引　言

第2章的研究表明,卸荷速率对超固结膨胀土的力学特性影响显著,但对于卸荷损伤程度、卸荷损伤规律及实际工程中开挖速率的合理选择等研究尚不明确。

土体内部含有许多孔隙和微裂隙,在外部荷载作用下,微裂隙会产生扩展,使土体强度和刚度等力学性能下降,这种微观结构的变化称为损伤。土体力学特性扰动损伤效应的研究经过几十年发展,取得了一系列丰硕的研究成果。在膨胀土损伤研究方面,陈正汉、卢再华等基于自主研制的CT-三轴试验系统,对膨胀土干湿循环及剪切过程中结构损伤的演化规律进行了系统深入的研究,提出了定量分析膨胀土损伤的参数,建立了膨胀土的结构损伤模型并进行了数值模拟计算。随后,汪时机、雷胜友、胡波等分别对有初始损伤、浸水损伤及裂隙面的膨胀土进行了系统的试验研究,指出了损伤及裂隙对膨胀土力学性能有较大影响。在膨胀土卸荷力学特性研究方面,李晶晶、赵二平等的研究发现,卸荷扰动及卸荷幅度等对原状膨胀土(岩)结构及力学特性均有一定影响,而裂隙性在膨胀土的力学特性演化中起重要作用。

上述研究推动了损伤土力学与膨胀土卸荷力学特性的研究进展,但以往研究仍存在不足。目前,国内外学者对于土体损伤的研究主要集中于软黏土,尤其是强结构性软黏土。在卸荷力学特性的研究方面,着重强调卸荷幅度的影响。显然,在边坡开挖对膨胀土体产生损伤的参数中,除卸荷幅度外,开挖卸荷速率也是影响膨胀土卸荷损伤程度的重要因素。

基于此,利用GDS应力路径三轴试验系统,开展考虑卸荷速率损伤和固结状态的原状膨胀土三轴不排水剪切试验,对相同卸荷幅度、不同卸荷速率下的膨胀土样损伤程度进行分析,探讨其与强度、变形特性变化规律的关联性,研究可为膨胀土边坡开挖与支护提供参考。

3.2　试验方案

由第2章可知,膨胀土的不排水剪切强度随应力速率的增加而单调增加,并从能量的角度进行了概化分析。一般认为,原状土体在剪切过程中会产生一定的损伤,剪切速率的不同必然会造成不同损伤程度的土样。本节拟从不同卸荷速率时膨胀土损伤程度不同的角度,通过其在剪切强度上的表现进行试验验证与分析。

被动压缩路径下 $\sigma_0' = 80$ kPa 时膨胀土卸荷完成后,其轴向应变较小,土样尚未达到破坏,但土体中会产生损伤。考虑到试验方案的一致性,选取了 $\sigma_0' = 80$ kPa 下的两种超固结比和固结方式的膨胀土进行研究,具体试验方案如表 3-1 所示。

表 3-1　卸荷—再加荷剪切试验方案

固结方式	卸荷阶段					再加荷阶段加荷速率/(kPa/min)
	超固结比	试验类型	卸荷速率/(kPa/min)			
$K_0 = 1.0$	1	被动压缩	0.02	0.2	2	2
	4	被动压缩	0.02	0.2	2	2
$K_0 = 1.5$	1	被动压缩	0.02	0.2	2	2
	4	被动压缩	0.02	0.2	2	2

　　试验过程:正常固结和超固结土样的制备方法同前,在轴向固结应力 80 kPa 时的被动压缩路径下以 3 种速率卸荷剪切后,随即以 2 kPa/min 的速率增加围压,进行常规三轴伸长试验,直至土样达到破坏。试验过程始终保持为不排水状态。

3.3　试验结果

3.3.1　剪切应力与应变的关系

　　等压固结和 K_0 固结下经历不同初始卸荷速率损伤后膨胀土再加荷的剪切应力-应变关系曲线如图 3-1 和图 3-2 所示。其中,偏应力 $q = \sigma_a - \sigma_r$。

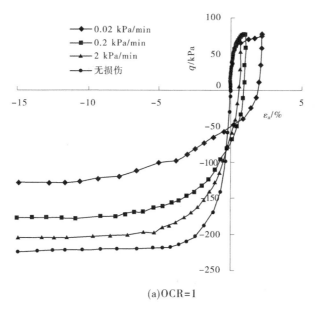

(a)OCR=1

图 3-1　等压固结膨胀土剪切应力-应变关系曲线

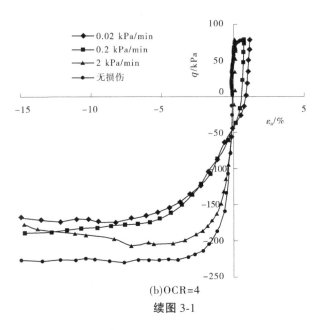

(b)OCR=4

续图 3-1

可以看出,无论是等压固结还是 K_0 固结,在相同的轴向应变下初始卸荷速率越小,其再加荷剪切中偏应力越小。也就是说,在 0.02～2 kPa/min 范围内,初始卸荷速率越小,原状膨胀土样的损伤越大。究其原因,卸荷速率较大时,卸荷过程中土颗粒的移动不仅需克服颗粒间的滑移,还需克服颗粒的旋转、滚动和换位阻力,在卸荷幅度较小(80 kPa)时,其能量聚集不足以使颗粒产生大幅"错动",土样损伤较小,偏应力较大。卸荷速率越小,在卸荷过程中膨胀土经历了相对较长的卸荷历程,在相同幅度时膨胀土微裂隙扩展越充分,土样损伤越剧烈,偏应力相对较小。

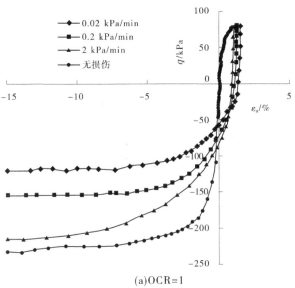

(a)OCR=1

图 3-2　K_0 固结膨胀土剪切应力-应变关系曲线

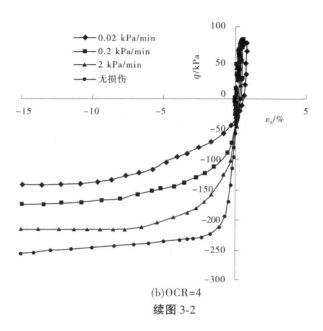

(b)OCR=4

续图 3-2

　　膨胀土在经历卸荷后的再加荷剪切过程中,主应力方向改变前后,其应力-应变关系曲线斜率变化较大,且以卸荷速率 0.02 kPa/min 时最显著,即在主应力改变方向前,应力-应变关系曲线基本呈垂直方向,而在主应力改变方向后,偏应力的小幅增加即引起应变大幅增大。

3.3.2　孔隙水压力与应变的关系

　　在卸荷—再加荷剪切过程中,等压固结与 K_0 固结膨胀土孔隙水压力随轴向应变的关系曲线如图 3-3 和图 3-4 所示。

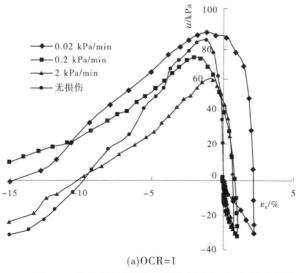

(a)OCR=1

图 3-3　等压固结膨胀土孔隙水压力-应变关系曲线

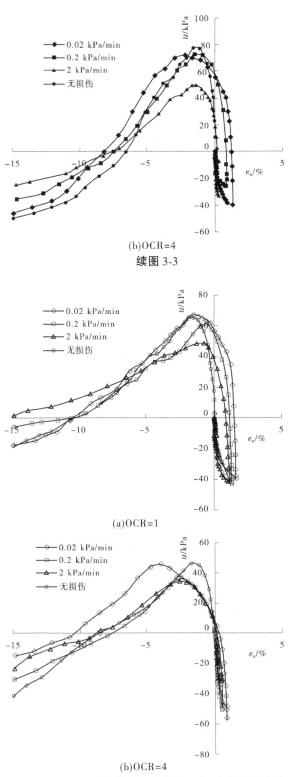

(b)OCR=4

续图 3-3

(a)OCR=1

(b)OCR=4

图 3-4　K_0 固结膨胀土孔隙水压力-应变关系曲线

无论是等压固结还是 K_0 固结,再加荷剪切过程中孔隙水压力随轴向应变的增加均呈先增大后减小趋势。在剪切初始阶段,孔隙水压力大幅增大,当轴向应变达到 -1.76% ~ -5.59% 时,达到峰值;随着剪切的进一步进行,孔隙水压力进一步减小,直至试样达到破坏状态。

为进一步分析不同卸荷速率损伤后原状膨胀土常规三轴伸长试验孔隙水压力峰值应变 ε_{umax} 的影响规律,将试验所得孔隙水压力峰值应变列于表 3-2。

表 3-2　试验所得孔隙水压力峰值应变

序号	固结方式	OCR	孔隙水压力峰值应变 ε_{umax}/%			
			0.02 kPa/min	0.2 kPa/min	2 kPa/min	无损伤
1	等压固结	1	−3.38	−3.02	−1.76	−1.32
2		4	−3.27	−2.33	−1.72	−1.38
3	K_0 固结	1	−2.74	−1.85	−1.88	−1.87
4		4	−5.59	−3.21	−3.11	−1.74

对比发现,相同固结方式与超固结比状态下,孔隙水压力峰值应变 ε_{umax} 随卸荷速率整体呈减小趋势。与图 3-1 和图 3-2 中应力-应变关系曲线相对应,膨胀土在卸荷速率增大到 0.02 kPa/min 时轴向应变值较 2 kPa/min 时大,裂隙发展趋势比较充分,此时增加围压进行再加荷剪切后,由于土样劣化后相对变"软";而卸荷速率增大到 2 kPa/min 时,由于土样相对完整,土样相对较脆。

3.3.3　土体卸荷损伤的强度特征

不排水剪切试验常用的主要有破坏强度 q_f(15%轴向应变时的剪切强度或峰值强度)和 q_{umax}(峰值孔隙水压力时的剪切应力)。经历不同卸荷速率损伤后,再加荷剪切膨胀土三轴剪切试验结果如表 3-3 所示。

表 3-3　卸荷—再加荷后膨胀土不排水剪切强度

试验类型	K_0	OCR	强度类型	不同卸荷速率(kPa/min)下不排水剪切强度/kPa			
				0.02	0.2	2	无损伤
常规三轴剪切试验	1.0	1	q_f	−132.3	−177.1	−204.4	−223.8
			q_{umax}	−66.1	−112.7	−127.4	−169.6
		4	q_f	−174.5	−192.4	−206.6	−229.2
			q_{umax}	−123.4	−139.4	−179.7	−203.7
	1.5	1	q_f	−120.3	−153.3	−214.4	−232.8
			q_{umax}	−80.0	−91.06	−110.68	−191.4
		4	q_f	−141.2	−175.3	−216.5	−254.2
			q_{umax}	−104.5	−123.2	−179.6	−224.6

　　由表 3-3 可知,无论是等压固结还是 K_0 固结,经历了初始卸荷损伤后,其强度均低于无损伤时的膨胀土强度。也就是说,膨胀土具有一定的"记忆性",经历了初始卸荷损伤的膨胀土样,该损伤即在膨胀土原状样中赋存。

　　不论是等压固结还是 K_0 固结,在 OCR = 1 和 OCR = 4 时,其剪切强度均随着初始卸荷速率的增大而增大。以 K_0 固结 OCR = 1 时为例,其在初始卸荷速率为 0.02 kPa/min 时其加荷剪切破坏强度 q_f 为 120.3 kPa,而初始卸荷速率为 2 kPa/min 时其剪切破坏强度 q_f 增大至 214.4 kPa,增幅非常明显。

　　相同超固比时,等压固结下初始卸荷速率为 0.02 kPa/min 和 0.2 kPa/min 时的不排水剪切强度整体较 K_0 固结下大,而 2 kPa/min 时的不排水剪切强度较 K_0 固结下小。分析其原因,卸荷速率损伤及初始固结围压影响是相互耦合的。在小卸荷速率时,K_0 固结土样卸荷幅度较等压固结时大,其损伤程度越大,导致 K_0 固结膨胀土强度较小;而在大卸荷速率下,卸荷所经历的时间较短,损伤尚未完全显现即进入加荷剪切阶段,该损伤部分未能在剪切强度中得到体现,而 K_0 固结时初始较大的固结压力会使其强度有所增加。对于膨胀土边坡,较大的开挖速率可以扬长避短,较好地发挥 K_0 固结膨胀土较大平均固结应力且避开其较大卸荷幅度的不利影响。

　　为进一步定量分析不同卸荷速率对膨胀土强度的影响规律,本书以未经历卸荷过程膨胀土的强度为无损伤膨胀土强度,按式(3-1)计算原状膨胀土的卸荷速率损伤程度,损伤度 SD 见图 3-5。

$$SD = \frac{\sigma_w - \sigma_s}{\sigma_w} \tag{3-1}$$

式中:σ_w 为无损伤膨胀土的不排水剪切强度;σ_s 为不同损伤状态下膨胀土的不排水剪切强度。

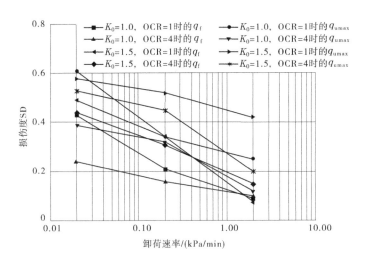

图 3-5　不同卸荷速率下膨胀土的损伤度

　　可以看出,卸荷速率越大,膨胀土样损伤度越小。以等压固结、正常固结状态膨胀土为例,卸荷速率为 2 kPa/min 时,其损伤度为 0.09,而卸荷速率 0.02 kPa/min 时则损伤度增大至 0.43。

对比以破坏强度 q_f 和孔隙水压力峰值强度 q_{umax} 的损伤度,以孔隙水压力峰值强度 q_{umax} 计算的损伤度明显大于以破坏强度 q_f 所得损伤度。这在卸荷损伤速率为 2 kPa/min 时最为明显。以 $K_0 = 1.5$、OCR = 1 时为例,以破坏强度 q_f 所得损伤度为 0.08,而以孔压峰值强度所得损伤度高达 0.42,增大了近 5 倍。以破坏强度 q_f 所得损伤度大大低估了卸荷速率对膨胀土的损伤程度。孔隙水压力峰值强度可在一定程度上表征土体剪切带分叉开始,考虑到应变局部化效应及渐进破坏影响,对于膨胀土边坡工程,建议采用孔隙水压力峰值强度 q_{umax} 进行相关设计计算。

3.4　机制分析

膨胀土在初始的卸荷损伤段,不同卸荷速率下膨胀土的轴向应变值不同,具体见表 3-4。K_0 固结、OCR = 4 的膨胀土样,卸荷速率为 0.02 kPa/min 时轴向应变为 0.81%,而卸荷速率 2 kPa/min 时则轴向应变仅为 0.42%,相对应地,其不排水剪切强度 q_f 则由 141.2 kPa 增加至 216.5 kPa。轴向应变的宏观变化规律是原状膨胀土样内部结构损伤的外在表现。轴向应变越大,对土样的损伤程度越剧烈。但陈永福对软黏土的卸荷—再加荷剪切强度研究结果表明,土样卸荷变形量对后期再加荷剪切强度的影响存在阈值。即轴向应变小于 1% 时,抗剪强度变化量很小;但当轴向应变大于 1% 时,再加荷剪切强度大大降低。对比表 3-4 和表 3-3 发现,这与膨胀土不排水强度随卸荷速率的变化规律有所不同。分析认为,这与原状膨胀土的多裂隙性相关。

表 3-4　不同卸荷速率损伤膨胀土的轴向应变

试验类型	OCR	轴向应变/%		
		0.02 kPa/min	0.2 kPa/min	2 kPa/min
等压固结	1	2.21	1.01	0.73
	4	1.23	0.82	0.23
K_0 固结	1	1.57	1.27	1.07
	4	0.81	0.50	0.42

图 3-6 为膨胀土微裂隙在相同卸荷幅度时随卸荷速率损伤的演化过程模型。原状膨胀土样属硬黏土,微裂隙密布,在卸荷速率 0.02 kPa/min 时土样卸荷历程最长,微裂隙萌生、扩展及张开趋势最显著。随着卸荷所致轴向应变的逐渐增大,在体积不变的情况下,必然伴随着土样结构的调整。微裂隙是原状膨胀土的薄弱结构面。卸荷作用导致膨胀土具有沿裂隙扩展的膨胀势,裂隙面软化,从而导致膨胀土随裂隙面产生一定的变形,土样整体性发生严重破坏。也就是说,在相同的轴向应变下,与软黏土相比,由于裂隙的存在放大了其在小轴向应变时的卸荷损伤效应。同理,对于卸荷速率 0.2 kPa/min 和

2 kPa/min 的膨胀土样,由于卸荷历程较短,微裂隙的产生与扩展趋势较卸荷速率 0.02 kPa/min 时逐渐减弱,损伤劣化作用也相对较弱。

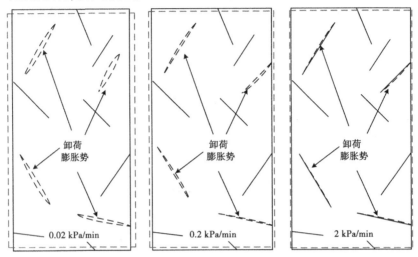

图 3-6 不同卸荷速率损伤膨胀土概化模型

沈珠江在结构性黏土堆砌模型理论中认为,天然黏土由多个完整土块与胶结薄弱面组成,剪切过程中首先在薄弱面发生破坏,进而完整土块碎裂为小土块,直至剪切破坏。原状膨胀土亦是如此(见图 3-6)。在卸荷后的增荷剪切过程中,对于以叠聚体为主的膨胀土,其结构虽经历了一定的卸荷损伤,但其结构整体连接仍较牢靠。对于未损伤或弱损伤膨胀土样(如无损伤及卸荷速率 2 kPa/min 时),在加荷剪切初期,土样变形较小,模量较大,土样整体呈剪缩状态,孔隙水压力为正值;随着剪切的进行,结构联结破坏,叠聚体沿着薄弱面发生破坏或变形,此时土样有体积膨胀的趋势,孔隙水压力逐渐下降至负值。对于强损伤膨胀土样(当卸荷速率为 0.02 kPa/min 时),由于膨胀土在加荷剪切前土样较0.2 kPa/min、2 kPa/min 扰动严重,必然导致初始切线模量较弱损伤膨胀土样有所下降,该现象均与图 3-1、图 3-2 的变化规律相吻合。

另外,图 3-1 和图 3-2 中膨胀土应力-应变关系曲线斜率在主应力方向改变前后发生大幅变化。分析认为,这与原状膨胀土剪切过程中的裂隙变动有关。主应力方向改变前后裂隙张开闭合变化示意如图 3-7 所示。在大小主应力改变方向时,土颗粒或完整土块之间的接触方式发生变化,一个方向由于卸荷作用其微裂隙由张开或半张开趋势逐渐呈闭合状态,而另一方向的微裂隙则由闭合状态转为半张开或张开状态,加上初始卸荷的劣化作用,从而出现图 3-1 和图 3-2 中主应力方向改变前后应力-应变关系曲线斜率变化的现象。

需要说明的是,卸荷速率对膨胀土剪切强度的影响存在一定的尺度范围。多位学者的研究成果均认为,由于颗粒间接触点胶结联结的增加,黏土强度随固结时间的增长而增加。在卸荷速率足够小时,土样存在结构恢复与卸荷损伤的共同作用。显然,结构恢复与卸荷损伤对土体强度特性的影响规律是截然相反的。因此,在研究卸荷速率对土体强度特性的研究中需特别注意。

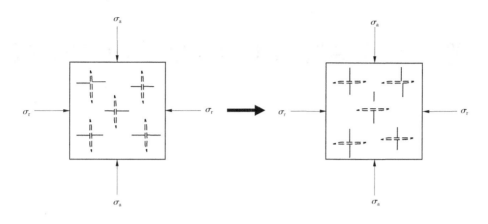

图 3-7　主应力方向改变前后裂隙张开闭合变化示意图

3.5　小　结

（1）对于相同固结方式和超固结比状态膨胀土样，在相同轴向应变时，初始卸荷速率越小其偏应力越小。剪切过程中主应力方向改变前后，其应力-应变关系曲线斜率变化较大，且以卸荷速率 0.02 kPa/min 时最显著。

（2）相同固结方式与超固结比状态下，膨胀土样孔隙水压力峰值应变 ε_{umax} 随卸荷速率的增大呈减小趋势。

（3）无论是等压固结还是 K_0 固结，初始卸荷速率越大，其不排水剪切强度越大。膨胀土在经历了初始卸荷损伤后，其再加荷常规三轴伸长剪切强度均小于无损伤时的膨胀土强度。与孔隙水压力峰值强度 q_{umax} 相比，以膨胀土破坏强度 q_f 所得损伤度 SD，大大低估了卸荷速率对膨胀土的损伤程度。建议采用孔隙水压力峰值强度 q_{umax} 进行相关设计计算。

（4）原状膨胀土力学性状随卸荷速率的演化规律受卸荷阶段轴向应变大小及原状膨胀土的裂隙性综合影响。

第4章 超固结膨胀土力学性状的时间效应

4.1 引 言

随着基础建设的不断推进,膨胀土地区的边坡工程愈来愈多。长期以来,多位学者均认为边坡开挖后膨胀土的强度特性会发生两种形式的变化:一种是由于土体浸水膨胀形成软弱带,从而使强度降低,这种强度变化与体积变化有关;另一种则是由于应变能的释放,随着剪切位移的增大,强度随时间而衰减,这常用来预测膨胀土边坡的长期稳定性。这均为膨胀土强度随时间变化而改变的问题。目前的研究更加着重于第二种情况,即考虑利用膨胀土残余强度预测边坡长期稳定性。在较陡边坡开挖过程中及开挖后较短时间内的失稳现象时有发生,研究边坡开挖完成后尚未支护的这一较短时间尺度内的强度演化规律具有一定的现实意义。

目前,国内外学者对于膨胀(润)土时间效应的研究主要集中于胀缩特性与微观结构方面,应力状态主要为无侧限状态,土样以压实重塑样为主。众所周知,边坡开挖对膨胀土体产生显著劣化作用,边坡开挖的不同程度和支护间歇(放置)时间则与土体中的应力释放水平和释放持续时间相对应。膨胀土边坡开挖所形成的应力释放在不同时间下对膨胀土的强度和刚度造成什么样的影响,尚需进一步深入研究。

边坡开挖卸荷会对坡体应力状态分布及稳定性产生一定影响,其中开挖速率及卸荷路径对其强度及变形特性的影响在第2章已经进行了系统的研究。本章尝试利用改进的常规三轴挤伸试验系统,讨论等压固结和 K_0 固结两种固结方式下,膨胀土经历不同卸荷水平后其力学特性随时间的演化规律,为膨胀土边坡开挖后的最佳支护时间提供参考。

4.2 常规三轴仪的改进及验证

天然土层一般处于各向不等的应力状态,即静止土压力系数 K_0 不等于1。对于一般黏性土而言,K_0 一般小于1。膨胀土因历史卸荷等因素使其具有特殊的超固结性,常表现为侧压力大于轴向压力。为与现场应力状态相一致,在进行膨胀土抗剪强度测定时,需实现该特殊的固结方式,而常规三轴试验系统仅能实现 $K_0 \leqslant 1$ 时的固结状态。因此,对常规三轴试验系统进行局部改造,实现膨胀土的超固结状态。

具体改造措施为:借鉴 GDS 应力路径三轴仪上的挤伸试验装置,将常规三轴仪中的试样帽、加压杆和量力环连为一体,这样即可基本实现挤伸功能。改进后的常规三轴挤伸试样装置如图4-1所示。

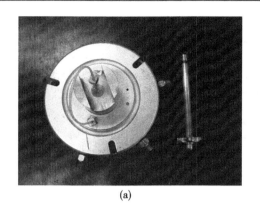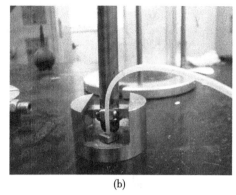

(a)　　　　　　　　　　　　　　　　(b)

图 4-1　改进后的常规三轴挤伸试验装置

为验证该改进方法的可行性,在 GDS 应力路径试验系统中与原装挤伸试验装置进行对比试验,即在保持相同的试验条件下,验证改进试验装置的挤伸性能。

4.2.1　剪切过程应力-应变关系曲线

从图 4-2 可以看出,在被动挤伸过程中,改进常规三轴挤伸试验装置与原装 GDS 挤伸试验装置所得偏应力-应变关系曲线基本吻合,较好地实现了剪切过程中的挤伸功能,符合试验的基本要求。因此,利用该挤伸装置可以在常规三轴仪上实现膨胀土特殊超固结状态(围压>轴压),这将进一步拓展常规三轴试验系统的应用范围。

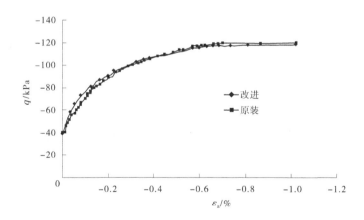

图 4-2　两种挤伸试验装置偏应力-应变关系曲线

4.2.2　改进常规三轴 K_0 固结三轴剪切试验

从图 4-3 可以看出,其变化规律与常规三轴试验结果基本类似。从图 4-3 可知,其有效黏聚力 $c' = 29.1$ kPa,有效内摩擦角 $\varphi = 21.82°$。

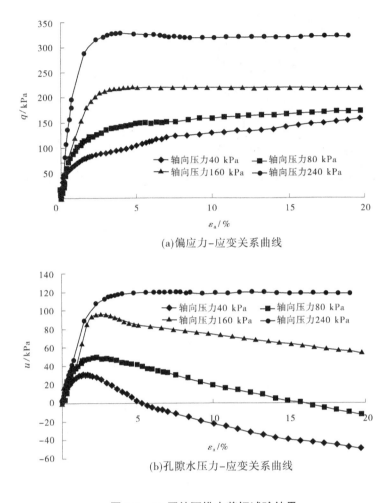

(a)偏应力–应变关系曲线

(b)孔隙水压力–应变关系曲线

图 4-3　K_0 固结不排水剪切试验结果

4.3　固结时间效应试验方案设计

考虑到不同的边坡开挖高度及固结状态的影响,就 3 种卸荷应力水平、2 种固结状态 [等压固结(K_0 = 1.0)和 K_0 固结(K_0 = 1.5)] 下的膨胀土力学特性的时间效应进行研究。

由前文知,该膨胀土先期固结压力为 160 kPa,故试验均先在 160 kPa 轴向压力下进行固结,固结完成后,分别卸荷至轴向压力为 160 kPa、80 kPa 和 40 kPa。为模拟实际状况下边坡土体卸荷后处于吸水状态,故在卸荷后排水阀保持打开状态;在不同的固结历时后进行不排水三轴剪切试验。其中,剪切速率为 0.073 mm/min,试样为直径 61.8 mm、高 125 mm 的圆柱体。膨胀土时间效应的试验方案如表 4-1 所示。

表 4-1　膨胀土时间效应的试验方案

试验编号	初始轴向压力 σ_i/kPa	剪切前轴向应力 σ_c/kPa	卸荷比 R	固结状态	固结历时/d
1		160	0		
2	160	80	1	等压固结	
3		40	3		0、1、10、20、30
4		160	0		
5	160	80	1	K_0 固结	
6		40	3		

注:K_0 固结仅指其固结时的围压与轴压之比,并非严格意义上的侧向应变为 0 时的侧压力系数,下同。

其中,卸荷比 $R=\dfrac{\sigma_i-\sigma_c}{\sigma_c}$,$\sigma_i$ 为初始固结压力,σ_c 为剪切前轴向固结应力。

4.4　K_0 固结下膨胀土不排水剪切特性的时间效应

4.4.1　卸荷比 $R=3$ 时的试验结果

膨胀土在等压固结下卸荷比 $R=3$ 时的不排水剪切试验结果如图 4-4 所示。多位学者曾论述过不排水剪切试验其破坏标准的选择方法,主要有 q_f(15%应变时的剪切强度)、q_{umax}(孔隙水压力达到峰值时的剪切应力)、$q_{(\sigma_1'/\sigma_3')max}$(最大有效主应力比所对应的偏应力)三种。书中取常用的孔隙水压力峰值破坏标准与峰值强度对比分析,所得强度见表 4-2。其中,u_f 为 15%应变时的孔隙水压力。

可以看出,时间对于不排水剪切强度的影响非常显著,固结时间越长,不排水剪切强度越小。如在固结 1 d 时,q_f 较第 0 天时减小了 19.45 kPa;经过 30 d 的吸水状态后,q_f 减小了 60.09 kPa。按照 q_{umax} 指标,也可得到类似的结论。这说明无论按何种破坏标准所得不排水剪切强度,时间对其影响均非常显著。就膨胀土边坡开挖而言,在开挖完成后应立即进行支护,这样可利用膨胀土较高的剪切强度,减小因支护时间过晚导致的边坡破坏。

此外,破坏标准不同所得强度不同,q_{umax} 与 q_f 的比值在 0.60~0.87。0~30 d,q_f 降低了约 60.09 kPa,而 q_{umax} 降低了 88.26 kPa,即以 q_{umax} 进行固结时间效应的评价会更显著。究其原因,0 d 时孔隙水压力峰值对应的应变较其余时间时明显较大,此时所获得的强度与 q_f 基本相同,而其余固结时间时应变较小,从而获得了较小的偏应力。

从图 4-4(b)可以看出,孔隙水压力在剪切初始阶段逐渐增大,达到峰值后孔隙水压力逐渐减小至负值。其中,固结时间为 0 时的孔隙水压力-应变曲线与其他固结时间差别较大,这是因为卸荷后立即关闭反压阀后,导致所测得的孔隙水压力较其余固结时间下时有较大幅度的抬升。

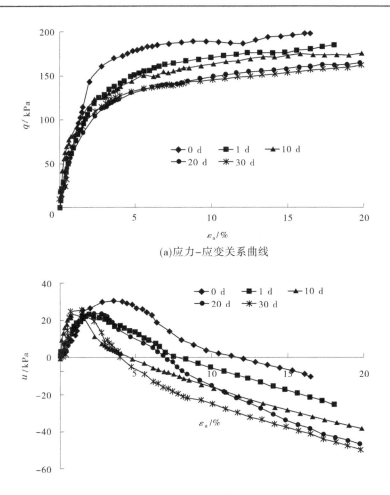

(a)应力−应变关系曲线

(b)孔隙水压力−应变关系曲线

图 4-4　K_0 固结下卸荷比为 3 时的不排水剪切试验

表 4-2　不排水剪切试验结果($R=3$)

卸荷比	参数	固结时间/d				
		0	1	10	20	30
3	q_f/kPa	196.01	176.56	157.47	141.58	135.92
	u_f/kPa	−7.25	−17.43	−28.16	−33.58	−37.74
	q_{umax}/kPa	170.10	111.77	95.44	92.72	81.84
	q_{umax}/q_f	0.87	0.67	0.61	0.65	0.60

从表 4-2 中可看出,u_f 随固结时间依次减小,且逐渐趋于稳定。除 0 d 外,其余固结时间时其孔隙水压力峰值基本均在 25 kPa 左右,但破坏应变时其孔隙水压力在不同固结时间下相差较大。这说明固结时间对于孔隙水压力的影响主要集中于孔隙水压力峰值之后段。

4.4.2　卸荷比 $R=1$ 时的试验结果

图 4-5 为卸荷比 $R=1$ 时的偏应力(孔隙水压力)–应变关系曲线,其强度等参数如表 4-3 所示。

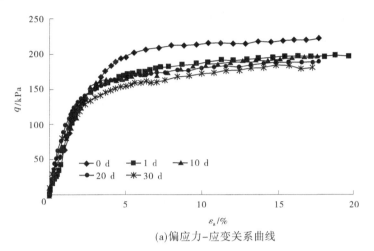

(a)偏应力–应变关系曲线

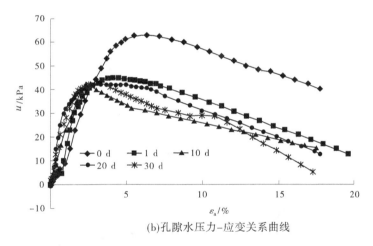

(b)孔隙水压力–应变关系曲线

图 4-5　卸荷比 $R=1$ 时的不排水剪切试验结果

表 4-3　不排水剪切试验结果($R=1$)

卸荷比	参数	固结时间/d				
		0	1	10	20	30
1	q_f/kPa	216.78	200.41	180.56	174.65	174.69
	u_f/kPa	43.81	25.56	21.02	20.89	19.78
	q_{umax}/kPa	203.56	165.62	142.50	144.26	135.7
	q_{umax}/q_f	0.94	0.83	0.79	0.83	0.77

图 4-5(a)所示应力-应变曲线与图 4-4(a)类似,所不同的是,以 q_f 为例,0~30 d,降幅由卸荷比为 3 时的 60.09 kPa 降至 42.09 kPa,强度随时间的降幅大幅减小。卸荷幅度越大,固结时间对其强度的影响越大。就破坏标准而言,也表现出了 q_{umax} 的降幅较 q_f 大。

图 4-5(b)所示孔隙水压力-应变关系曲线的变化规律与图 4-4(b)类似,即孔隙水压力随着轴向应变的增加先增至峰值后下降,但图 4-5(b)中的孔隙水压力始终为正值,降幅较图 4-4(b)大幅减缓。

4.4.3　卸荷比 $R=0$ 时的试验结果

图 4-6 为卸荷比 $R=0$ 时的剪切试验结果,其强度等参数见表 4-4。

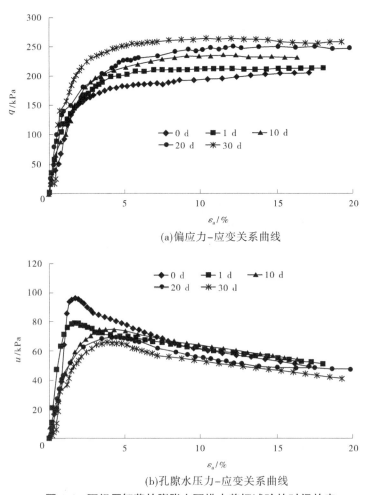

(a)偏应力-应变关系曲线

(b)孔隙水压力-应变关系曲线

图 4-6　不经历卸荷的膨胀土不排水剪切试验的时间效应

表 4-4　不排水剪切试验结果($R=0$)

卸荷比	参数	固结时间/d				
		0	1	10	20	30
0	q_f/kPa	184.59	212.48	232.89	246.26	251.50
	u_f/kPa	54.89	53.76	53.57	49.21	46.52
	q_{umax}/kPa	130.89	163.72	199.85	207.04	230.19
	q_{umax}/q_f	0.71	0.79	0.86	0.84	0.92

可以看出,图 4-6(a)中的应力-应变关系曲线基本呈弱应变硬化型,即其达到峰值强度后,随着应变的增加其强度基本不变。

就其强度随固结时间的变化规律而言,与图 4-4 和图 4-5 相反,随着固结时间的增加,其强度单调增加。未经历卸荷过程的膨胀土样,在先期固结压力下进行不同时间的固结后,其土样孔隙比逐渐减小,宏观表现为较高的强度。在相同先期固结压力下,经历卸荷过程和未经历卸荷过程的膨胀土样,其强度随时间的变化规律截然相反。从表 4-4 中也可看出,q_f 从固结 0 d 的 184.59 kPa 增至固结 30 d 的 251.50 kPa,增幅非常显著;在固结时间为 30 d 时,其较固结 20 d 还有一定的增幅。这与土的流变特性有关,反映在固结时间对于膨胀土强度的影响上,主要与土体随着主固结完成后的次固结效应有关,而次固结的发展时间尺度较大。

4.5　等压固结下膨胀土力学特性的时间效应

4.5.1　不同卸荷间歇时间对膨胀土偏应力-应变关系曲线的影响

对不同卸荷幅度原状膨胀土样进行固结不排水剪切试验,得到偏应力-应变关系曲线。通过对试验结果的分析,发现卸荷前后膨胀土的偏应力-应变关系曲线对间歇时间的响应有所差异。卸荷前后土体的偏应力-应变关系曲线如图 4-7 所示。

从图 4-7(a)可以看出,对于卸荷比 $R=0$(未经历卸荷过程)的膨胀土样,偏应力-应变关系曲线呈应变硬化趋势,随着轴向应变的增加,偏应力逐渐增大并趋于稳定。随着间歇时间(固结时间)从 0 增加至 30 d,相同轴向应变时的偏应力逐渐增大,加载初期其初始刚度也有所增加。这可能与固结时间增大导致土样排水量增加,进而土样更加密实有关。这与 Vaid、Bjerrum et al. 的研究成果相符。

图 4-7(b)和图 4-7(c)分别为卸荷比 $R=1$ 和 $R=3$ 时原状膨胀土样的偏应力-应变关系曲线。可以看出,在经历了不同的卸荷幅度后,其偏应力-应变关系曲线仍呈应变硬化

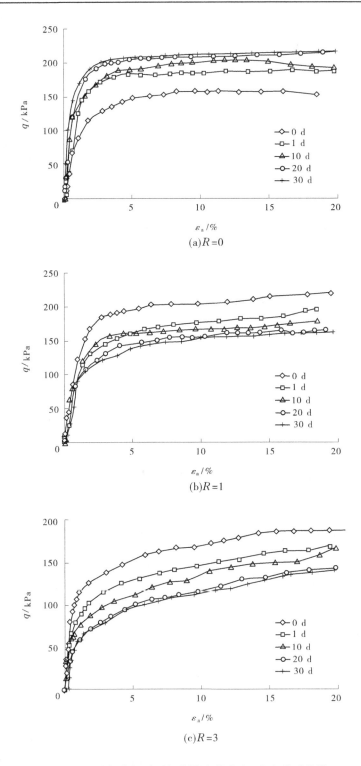

(a)$R=0$

(b)$R=1$

(c)$R=3$

图 4-7　不同卸荷间歇时间膨胀土偏应力-应变关系曲线

型,其硬化趋势较未卸荷土样更加显著。与未经历卸荷过程膨胀土样不同的是,$R = 1$ 和 $R = 3$ 时,相同轴向应变时其偏应力值整体上随着卸荷间歇时间的增加而减小。类似地,剪切初期的初始刚度随间歇时间的增大呈减小趋势。

对于 $R = 1$ 和 $R = 3$ 膨胀土样,就剪切过程而言,土样经历了剪切初期偏应力的大幅提高后,由于剪切应变增加导致土样胶结单元破损增多,卸荷裂隙扩展,应力增加幅度减小,变形模量减小;随着剪切的进一步进行,局部剪切带已经贯通形成宏观剪切带。从破坏模式上来看,试样破坏均为明显的剪切带破坏,这与 Jiang et al. 的研究结论相吻合,即在固结应力小于屈服应力时,土体颗粒间与颗粒内部具有足够的结构强度时,土样表现为剪切带破坏。

在开挖卸荷施工中,由于自然环境中水的存在,膨胀土滑动区会从其他孔隙水压力较高区域内吸收水分到剪切带中来,从而引起剪切带土体的劣化。而室内不排水剪切试验中土样处于不排水状态,土样欲吸水而不能。因此,不排水状态下膨胀土应变硬化所致高剪切强度在工程应用中需特别注意。

4.5.2　不同卸荷间歇时间对膨胀土孔隙水压力的影响

孔隙水压力的变化规律是土体强度特征的另一种表现形式,土样的剪缩或剪胀特性可通过孔隙水压力进行表达。图 4-8 为不同卸荷间歇时间膨胀土样不排水剪切过程中孔隙水压力的变化规律。

不排水剪切过程中土样总体积不变,孔隙水压力与有效应力逐渐调整。从图 4-8(a)可知,在卸荷比 $R = 0$ 时,孔隙水压力随轴向应变的变化规律表现为先增大后减小趋势。在剪切初始阶段,孔隙水压力持续上升,当轴向应变达到约 2% 时达到峰值;随着剪切的进一步进行,孔隙水压力进一步减小,直至试样达到破坏状态。各间歇时间下膨胀土孔隙水压力(轴向应变小于 15%)均为正值。孔隙水压力从达到峰值后逐渐下降,这表明卸荷比 $R = 0$ 的土样在剪切过程中表现出轻微剪胀特征。

图 4-8(b)和图 4-8(c)分别为卸荷比 $R = 1$ 和 $R = 3$ 时原状膨胀土样的孔隙水压力-应变关系曲线。可以看出,土样经历了先剪缩后剪胀的体积变化过程。在剪切初始阶段,孔隙水压力持续上升,当轴向应变达到 1% ~ 5% 时达到峰值;随着剪切的进一步进行,孔隙水压力进一步减小并出现负值,直至试样达到破坏状态。卸荷间歇时间越长,相同轴向应变时孔隙水压力越小,卸荷间歇时间强化了膨胀土的剪胀趋势。

为进一步分析卸荷间歇时间对孔隙水压力峰值应变 ε_{umax} 的影响规律,将不同卸荷间歇时间与卸荷幅度下膨胀土 ε_{umax} 列于表 4-5。可以看出,相同卸荷间歇时间下,$R = 3$ 时由剪缩转变为剪胀对应的应变值较 $R = 1$ 时减小。这说明卸荷幅度也在一定程度上影响土样的剪胀特性,且卸荷幅度越大剪切膨胀趋势强化。

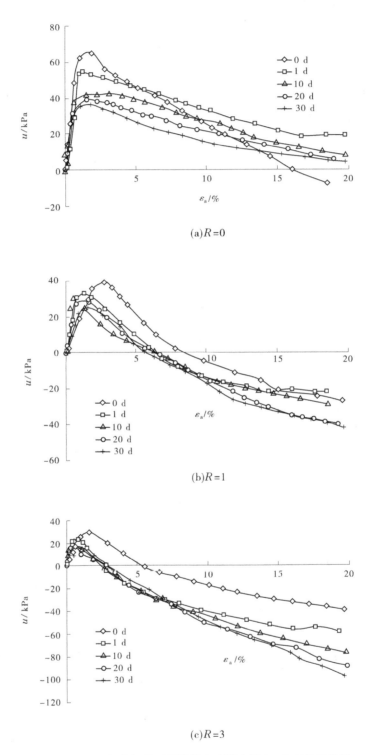

(a)R=0

(b)R=1

(c)R=3

图 4-8   不同卸荷间歇时间膨胀土孔隙水压力-应变关系曲线

表 4-5　不同卸荷间歇时间孔隙水压力峰值应变

序号	卸荷比 R	孔隙水压力峰值应变 ε_{umax}				
		0 d	1 d	10 d	20 d	30 d
1	0	1.99	1.33	1.88	1.53	1.43
2	1	2.49	1.34	1.17	1.22	1.17
3	3	1.67	0.84	0.57	0.47	0.66

相同卸荷幅度时,随着卸荷间歇时间的增加,孔隙水压力峰值应变呈减小趋势,其中以卸荷间歇时间为 0~1 d 时最为显著,10 d 以后基本稳定。卸荷时间越长,膨胀土样脆性性质越显著。

4.5.3　不同卸荷间歇时间对膨胀土强度的影响

不排水剪切试验破坏标准影响因素较多,常用的主要有破坏强度 q_f(15% 轴向应变时的剪切强度或峰值强度)和 q_{umax}(峰值孔隙水压力时的剪切应力)。为分析卸荷间歇时间与幅度对原状膨胀土不排水剪切强度的影响,将试验所得强度(q_f 和 q_{umax})列于表 4-6。

表 4-6　不排水剪切试验结果

卸荷时间间隔/d	R=0		R=1		R=3	
	q_f/kPa	q_{umax}/kPa	q_f/kPa	q_{umax}/kPa	q_f/kPa	q_{umax}/kPa
0	157.89	116.09	211.46	179.30	186.67	125.54
1	187.29	147.19	183.67	112.89	160.39	79.54
10	201.96	172.41	170.29	105.50	149.52	63.16
20	211.71	176.82	163.41	108.12	132.89	44.57
30	214.66	192.11	159.01	105.12	128.91	57.12

从表 4-6 可以看出:

(1)无论不排水剪切强度取值标准是 q_f 还是 q_{umax},当卸荷比 R=0 时,其不排水剪切强度随卸荷间歇时间单调增加。相反地,在卸荷比 R=1 和 R=3 时,其抗剪强度均随卸荷间歇时间的增加而呈减小趋势。以卸荷比 R=3 时为例,卸荷间歇时间从 0 增加至 30 d 时,其不排水剪切强度 q_f 和 q_{umax} 分别从 186.67 kPa、125.54 kPa 减小至 128.91 kPa、57.12 kPa,降幅达 30.9% 和 54.5%,这说明开挖边坡刚形成时,其强度最大,应充分利用该强度,即开挖后快速支护。这也解释了对于膨胀土边坡,开挖形成时其稳定性尚好,但膨胀土边坡形成一段时间后发生破坏的原因。

(2)对比两种剪切强度标准后发现,膨胀土破坏强度 q_f 大于孔隙水压力峰值强度 q_{umax}。有学者认为黏土中孔隙水压力达到峰值时,表征土体剪切带分叉开始,按照应变局部化理论,此时土体即按照此剪切带进行直至破坏。对于膨胀土而言,无论卸荷与否及卸荷时间长短,不排水剪切膨胀土样破坏形式均为明显的剪切带。边坡应变设计应局限在剪切带范围内,故推荐采用孔隙水压力峰值强度 q_{umax} 进行相关设计计算。

为进一步评价卸荷间歇时间对膨胀土强度(孔隙水压力峰值强度 q_{umax})的影响规律,引入归一化强度(q/p_0)进行分析。图 4-9 为膨胀土与其他地区黏性土归一化强度与间歇时间的变化规律。对于未经历卸荷过程的膨胀土样($R=0$),其强度随卸荷间歇时间(对数坐标)呈线性增长关系,增长速率约为 7.7%。

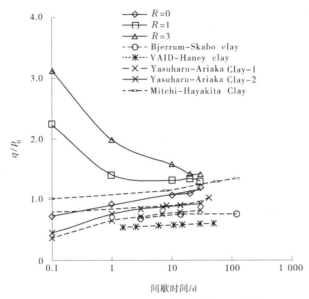

图 4-9　不同卸荷间歇时间与膨胀土强度关系

相反地,对于经历卸荷过程的原状膨胀土,其强度比随卸荷时间的延长经历了快速下降区、缓慢下降区和稳定区。在 $R=1$ 和 $R=3$ 状态下,卸荷间歇时间为 0~1 d 时,其强度比均快速下降;在 $R=1$ 时,其卸荷间歇时间在 1~10 d 为缓慢下降区,10 d 以后强度达到稳定区;而对于 $R=3$,在 1~20 d 时,强度比下降趋缓,20 d 后强度才趋于稳定。卸荷幅度越大,达到稳定区所需时间越长。也就是说,对于卸荷土体而言,其在初期会对土样产生较大的损伤,而该损伤与卸荷幅度相关;随着卸荷间歇时间的增加,损伤在不断积累,同时土体强度也在不断恢复,强度规律如何演化取决于两者所占比例。

4.5.4　试验结果分析

膨胀土样经历卸荷过程后,土样内部微裂隙扩展,随着卸荷间歇时间的延长和卸荷幅度的增加,裂隙扩展得更加充分,宏观上表现为抗剪强度、刚度的降低。这在程展林等在南阳膨胀土试验段开挖过程监测中也得到了证实。与此同时,膨胀土是土体黏粒中含有相当质量强亲水性矿物蒙脱石的水敏性特殊土,在饱和状态下仍有一定的膨胀势,该膨胀势与水化时间呈反比例关系。有学者研究也发现,膨胀土的膨胀率随着水化时间的增加而小幅提高,一般在 10 d 左右达到稳定状态。也就是说,在卸荷应力释放完成后,随着卸荷间歇时间的增加,水化作用导致的膨胀土微观结构演化也会导致膨胀土体积膨胀。

相反地,在膨胀土先期固结应力 160 kPa 下固结,随固结时间的增加,不经历卸荷过程的膨胀土发生蠕变效应,土样孔隙水排出,体积减小,土颗粒进一步靠近,粒间力增强,土样结构更加稳定,土体强度和刚度增大。机制类似,下面以等压固结为例进行说明。

不同卸荷间歇时间下膨胀土样排(吸)水量如图 4-10 所示,其中纵坐标中正值为排水,负值则为吸水。

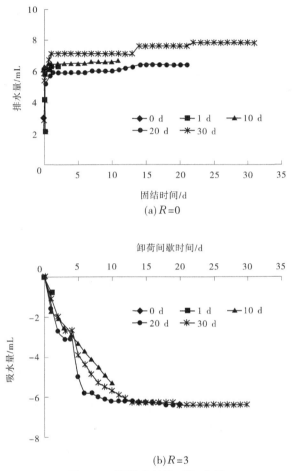

(a) $R=0$

(b) $R=3$

图 4-10　膨胀土的排(吸)水量

可以看出,$R=0$ 时膨胀土样随时间增加呈排水状态,而 $R=3$ 时则为吸水状态。这也证实了膨胀土体积变化与卸荷幅度及卸荷间歇时间有关。

图 4-11 概念性反映了膨胀土微裂隙随卸荷间歇时间的演化过程。原状膨胀土样微裂隙密布,在经历卸荷过程后,微裂隙萌生、扩展并呈张开趋势;而此时,土样与外界连通,处于吸水状态,微裂隙扩展,导致裂隙面软化,土样结构发生破坏。与此同时,水化作用使得膨胀土样进一步劣化。对于膨胀土这种硬黏土,其结构连接比较牢固,且基本单元体以叠聚体为主。在剪切过程中,最初的变形是弹性的,主要靠牢固的短程联结提供,此时主要是压缩剪切为主,土样表现为剪缩,孔隙水压力为正;但由于卸荷间歇时间导致结构破坏,从而导致剪切应变较小时短程联结就发生破裂和滑移,在结构联结破坏的同时,叠聚体沿着叠聚的薄弱面发生破裂和变形,此时土样有发生体积膨胀趋势,剪胀发生,孔隙水压力下降至负值。这也证实了图 4-10 中卸荷间歇时间越长,剪缩向剪胀转变的应变逐渐

减小的变化规律。

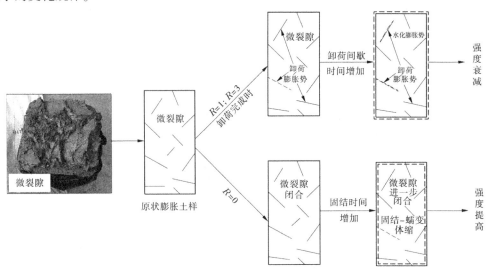

图 4-11　膨胀土强度演化概念图

Bjerrum et al. 认为,黏土强度随固结时间的增加不排水剪切强度的增加是由颗粒间接触点胶结联结的增加导致的。Leonard et al. 等通过固结试验验证了胶结键随着固结时间的增加而逐渐形成。未经历卸荷过程膨胀土样在经历一定固结时间后,微裂隙闭合,叠聚体间接触点(面)胶结键随固结时间的增加而增加,结构强度进一步增强,不排水剪切强度提高。胶结键的逐渐形成与发展,使土样对剪切变形有较大的抵抗能力,主要体现在土样在小应变下的应力-应变关系影响显著。从应力-应变关系曲线上来看,卸荷间歇时间越长,其初始刚度越大。

事实上,卸荷间歇时间对膨胀土力学特性的影响受卸荷微裂隙发展与颗粒间胶结强化的共同作用。由上述的讨论可知,卸荷微裂隙扩展与颗粒间胶结力的增加对土体强度特性产生截然相反的结果,即卸荷微裂隙发展会使土体强度降低,而颗粒间胶结作用强化会使土体强度增加。卸荷间歇时间对膨胀土力学特性的影响取决于微裂隙发展与颗粒间胶结强化所占的比例。原状膨胀土强度与刚度随卸荷间歇时间的变化规律是裂隙扩展与土颗粒随时间的胶结联结增强的综合反映。

在三轴不排水剪切试验结束后,对卸荷比 $R = 0.75$ 土样选取部分完整不含裂隙面的膨胀土块(1 cm³)进行压汞试验,孔径分布变化曲线如图 4-12 所示。可以看出,膨胀土样孔径分布呈多峰值特征。卸荷间歇时间 1 d、10 d、30 d 时,膨胀土的孔径分布曲线类似。无论是团聚体间孔隙(>20 μm)、团聚体内孔隙(5~20 μm)、颗粒间孔隙(0.4~5 μm),还是颗粒内的孔隙(<0.4 μm),分布相差不大。这看似与图 4-10(b)中吸水量监测数据相矛盾,实际上验证了膨胀土的裂隙性特征,即随着卸荷间歇时间的增加,土样体积变化主要集中于软弱裂隙面处,而多微裂隙交织的中间完整土块孔隙基本不随时间变化。这也进一步验证了概念图(见图 4-11)的合理性。由此也可以看出,膨胀土样剪切过程中虽处于饱和状态,但膨胀土的裂隙性仍不容忽视,裂隙性仍是膨胀土强度随时间演化规律的内在因素。

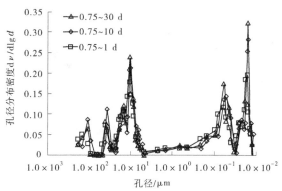

图 4-12　不同卸荷间歇时间膨胀土孔径分布变化曲线

　　此外,殷宗泽也指出,如果蠕变诱发正孔隙水压力,则在不排水蠕变中强度随时间减小;在排水蠕变中土体积减小,强度随时间增加。然而,对于超固结土,在不排水蠕变中诱发负孔隙水压力,强度随时间增长;在排水蠕变中体积增加,强度随时间减小。因此,蠕变对强度的影响在正常固结土不排水蠕变中和超固结土的排水蠕变中最为重要。本书所得不同固结时间下膨胀土强度的变化规律很好地验证了这一观点。

　　图 4-13 为正常固结和卸荷所致超固结土强度的变化规律。可以看出,正常固结土在 A 点固结后,随着时间的增加,其强度会慢慢增加至 C 点;而卸荷过程的土体其在 B 点固结后卸荷至 C 点,卸荷后,随着时间的增加其强度会逐渐减小至 A 点,即正常固结状态时的土体强度。也就是说,正常固结土体蠕变后可逐渐形成似超固结土,而超固结土体卸荷后会逐渐向正常固结线靠拢。同时,卸荷比为 0 时的有效应力路径(见图 4-14)也可看出,随着固结时间的增加,其会朝着超固结性增强的方向发展。

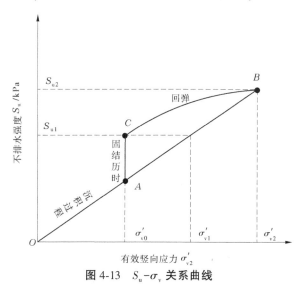

图 4-13　S_u-σ_v 关系曲线

　　下面从孔隙比 e 的角度对膨胀土强度随时间的变化规律进行阐述。在室内固结试验中,按照相关规范规定为 24 h 加一级荷载得到 e-$\lg p$ 曲线(见图 4-15)。从中可以看到,随着固结时间的增加,其所得孔隙比有从大到小的变化,以 1 d 为例,则小于 1d 固结时间

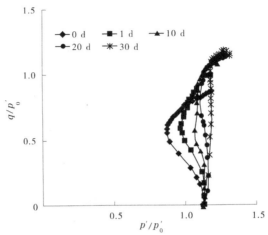

图 4-14　K_0 固结卸荷比 $R=0$ 时的有效应力路径

所得 $e\text{-}\lg p$ 曲线在相同固结压力下其孔隙比较大,而大于 1 d 固结时间所得 $e\text{-}\lg p$ 曲线则孔隙比较小。如果进行卸荷后,可以预测其变化规律与正常固结时相反。

此外,弹性后效理论表明,材料在弹性范围内受某一不变载荷作用,其弹性变形随时间缓慢增长的现象。在去除载荷后,不能立即恢复而需要经过一段时间之后才能逐渐恢复原状。土体作为典型的弹黏塑性体,较一般固体材料的时间效应要更加显著。

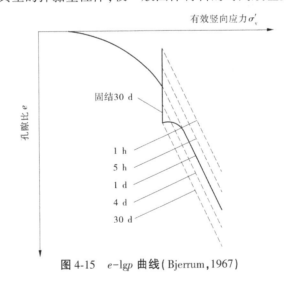

图 4-15　$e\text{-}\lg p$ 曲线(Bjerrum,1967)

4.5.5　膨胀土割线模量 E_{50} 的时间效应

从表 4-7 可以看出,割线模量随时间的变化规律与强度基本类似。随着时间的增加,卸荷比为 1 和 3 时的割线模量不断减小,卸荷比为 0 时割线模量随时间逐渐增大,均在 20 d 左右达到稳定状态。需要注意的是,在 K_0 固结下,卸荷比为 1 和 3 时,其割线模量总体变化幅度较小。如等压固结卸荷比为 3 时,其割线模量的变化范围为 17.32~4.13 MPa,而 K_0 固结卸荷比为 3 时其割线模量变化幅度为 8.31~5.77 MPa。此外,相同卸荷比时,

K_0 固结土样卸荷幅度较等压固结时要大,这也导致其割线模量整体较等压固结时小。

表 4-7　割线模量 E_{50} 与固结时间的关系

固结方式	卸荷比	不同固结时间(d)时的割线模量 E_{50}/MPa				
		0	1	10	20	30
等压固结	3	17.32	9.11	7.40	4.81	4.13
	1	12.59	10.56	10.14	10.09	9.36
	0	10.12	12.32	19.80	22.56	23.80
K_0 固结	3	8.31	6.44	6.87	5.71	5.77
	1	7.69	8.49	7.52	7.42	7.44
	0	10.35	10.48	14.93	19.62	20.26

　　对于未经卸荷的土体,两种固结方式也出现了类似的规律。K_0 固结较等压固结时围压大,但割线模量却较等压固结时的小。从表 4-7 或图 4-16 中可知,K_0 固结所得峰值强度较等压固结时大。这进一步说明了等压固结方式相对 K_0 固结使土样具有更强的脆性性质,即利用等压固结所得割线模量进行边坡稳定性(或变形)分析所得结果较危险,应采用 K_0 固结试验结果或对等压固结所得模量进行一定的折减。

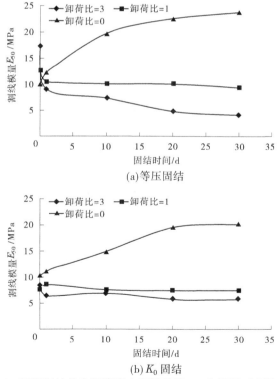

(a)等压固结

(b) K_0 固结

图 4-16　不同固结状态下膨胀土割线模量 E_{50} 与固结时间的关系

4.6　固结时间与剪切带的关联性

膨胀土不同固结时间下的 u-q 关系曲线如图 4-17 所示。孔隙水压力峰值可用来表征土体剪切带分叉的起始点,描述土体破坏的变形特征。膨胀土为典型的超固结土,剪切过程中均形成典型的单一型局部剪切破坏,一旦剪切带开始形成,随后的剪切即按此剪切带进行,应变局部化特征非常明显。对于边坡工程而言,应按边坡应变设计的局限的一定范围内,使其不产生剪切带。

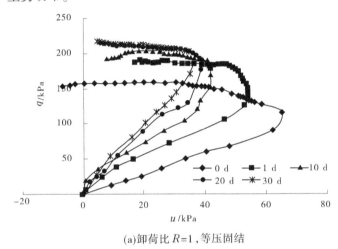

(a)卸荷比 $R=1$,等压固结

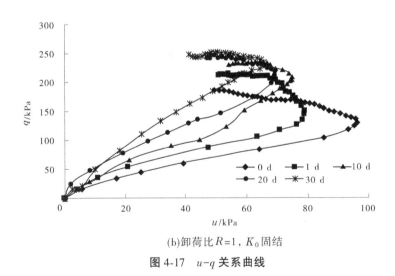

(b)卸荷比 $R=1$, K_0 固结

图 4-17　u-q 关系曲线

不同固结时间下剪切带出现时的轴向应变见表 4-8。可以发现,无论是等压固结还是 K_0 固结,ε_{umax} 均随固结时间的增加而减小,减小幅度不等,但与卸荷比为 1 和 3 时相比,卸荷比为 0 时 ε_{umax} 变化幅度较小。可以认为,经历卸荷过程与未经历卸荷过程的膨胀土样,经历较长固结时间后,其脆性在增强。经历卸荷过程的膨胀土样脆性较未经历卸

荷过程时强,即卸荷会更易导致剪切带的出现。M. A. Fam et al. 与 Kirkpatrick et al. 的研究也表明,卸荷时间越长,其孔隙水压力峰值出现时的应变在减小。

表 4-8　不同固结时间下的 u_{max} 对应的轴向应变

固结方式	卸荷比	应变	固结时间/d				
			0	1	10	20	30
等压固结	3	ε_{umax}	1.67	0.84	0.57	0.47	0.66
	1	ε_{umax}	2.49	1.34	1.17	1.22	1.17
	0	ε_{umax}	1.99	1.33	1.88	1.53	1.43
K_0 固结	3	ε_{umax}	3.59	2.29	1.51	1.31	1.22
	1	ε_{umax}	5.88	4.44	2.69	2.33	2.35
	0	ε_{umax}	2.06	1.93	1.98	1.83	1.73

从表 4-8 还可看出,相同卸荷比时,K_0 固结后膨胀土样出现剪切带的轴向应变较等压固结时大,这说明固结方式对于剪切带的出现有显著影响。K_0 固结可以延迟剪切带的出现,这对于膨胀土边坡工程而言较为有利。

4.7　小　结

在改进的常规三轴试验系统上进行了等压固结和 K_0 固结两种固结方式下,经历不同固结时间(0、1 d、10 d、20 d 和 30 d)和不同卸荷比(0、1 和 3)时膨胀土的三轴不排水剪切试验,得到了以下结论:

(1)无论是等压固结还是 K_0 固结,其应力-应变关系曲线均为(弱)应变硬化型,孔隙水压力随着轴向应变的增加先增加至峰值后减小,其减小的幅度与卸荷比密切相关。不同的破坏标准所获得强度相差较大,破坏标准的选择需慎重考虑。

(2)固结时间对于正常固结(未卸荷)和超固结膨胀土(卸荷后)膨胀土不排水剪切强度的影响规律相反。超固结膨胀土经历卸荷过程后,随着固结时间的增加,其不排水剪切强度呈减小趋势;而未经历卸荷过程的正常固结膨胀土,其不排水剪切强度随固结时间的增加单调增加。这在等压固结和 K_0 固结时规律一致。将不同固结时间下的不排水剪切强度以 1 d 时不排水剪切强度进行归一化,发现经历卸荷过程的超固结膨胀土由 0 d 增至 1 d 时,其强度出现大幅衰减,随后其强度减小幅度明显变缓并趋于稳定。在边坡开挖中,经历卸荷过程的超固结膨胀土坡体强度会随着时间的增加而减小,边坡开挖后应立即进行支护。

(3)对比 K_0 固结和等压固结,固结时间为 1~30 d 时 K_0 固结所得强度降幅较大。这是因为相同卸荷比时,K_0 固结的绝对降幅较等压固结时大,从而导致土体损伤较大,而随着固结时间的增加,其损伤仍在积累。

(4)土体固结过程的体积变化与不排水剪切强度密切相关。试验过程中,对于卸荷后的超固结土体,土样处于吸水状态,而对于正常固结土体,土样处于排水状态,这反映在孔隙比上为卸荷土体孔隙比在不断增加,而正常固结土体孔隙比在不断减小。最后,利用土体的蠕变及弹性后效理论对其进行了解释。

（5）变形模量随固结时间的演化规律与强度基本类似,即经历卸荷过程的超固结膨胀土,其变形模量随固结时间逐渐变小;未经历卸荷过程的正常固结膨胀土,其变形模量随固结时间逐渐增大。此外,经历卸荷过程的超固结膨胀土 K_0 固结时的变形模量较等压固结时小,而其强度较等压固结时大,这也说明等压固结土样具有更加明显的脆性性质,利用等压固结所得变形模量进行超固结膨胀土边坡变形分析偏于危险。

（6）各固结时间下膨胀土产生剪切带时的应变相差较大。总体上表现为固结时间越长,出现剪切带所对应的轴向应变越小,土体脆性性质增强,这在等压固结和 K_0 固结时均有所反映。两种固结方式下,K_0 固结膨胀土产生剪切带的轴向应变大于等压固结的,K_0 固结可以减缓剪切带的产生。

第 5 章　超固结膨胀土应力状态重塑的力学特性

5.1　引　言

　　一般地,具有半空间平面的任何土体,在自重应力的状态下必定是处于稳定状态的。由于工程建设的某种需求,需要开挖基坑或边坡等卸荷过程,如果在开挖、卸去土方的重量之后,再设法通过工程措施回复或恢复该土方重量所对于坡面处引起的应力,并使该应力等于未开挖之前的、原本稳定的应力状态,坡面就像未被开挖之前一样保持原来稳定的应力状态,该过程即为应力重塑。应力重塑原理由王国体教授提出,概念清晰,简单实用,该应力重塑过程在边坡工程中即为边坡开挖及其支护过程。与图 5-1(a)所示开挖过程对坡体应力释放状态相对应,图 5-1(b)为开挖边坡应力重塑示意图。

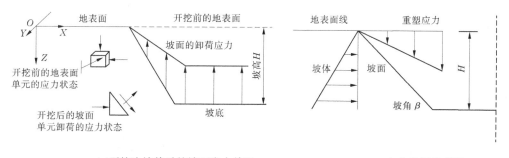

(a)开挖边坡前后的坡面应力单元　　　　　　(b)应力重塑示意图

图 5-1　边坡开挖应力重塑前后示意图

　　但土体并非弹性体,在经历了卸荷—再加荷过程后,其应力状态恢复到初始状态时,土体性质已发生改变,借用应力重塑的概念,称此过程为应力状态重塑过程。本章通过室内改进常规三轴系统,模拟边坡开挖、支护前后的应力状态重塑过程,分析卸荷—应力状态重塑膨胀土力学特性的演化规律;在此基础上,利用 CT-三轴试验系统对其不同固结阶段及剪切阶段膨胀土样进行微观分析。

5.2　试验方案设计

　　按照应力重塑的思想,土体开挖卸荷后进行支护,使边坡保持稳定的过程,总称为应力重塑。其中,开挖卸荷过程的试验参数设置与第 3 章相同。应力状态重塑过程为在开挖卸荷后,增加围压及轴压,使其恢复到卸荷前的应力状态。具体试验方案见表 5-1,其中 1#、5#和 9#代表应力状态重塑前,即在初始轴向应力固结后即进行剪切;其余试样代表经历不同卸荷幅度后再恢复到初始应力状态进行不排水剪切试验;考虑极限卸荷状态,增加了其卸荷至 0 后的相关试验(表 5-1 中的 4#、8# 和 12# 试样)。为与 K_0 固结状态进行相同围压时的对比,增加初始轴压为 240 kPa 的等压固结状态,见表 5-1 中的 5#～8# 试样。

表 5-1　膨胀土卸荷-应力状态重塑试验方案

试验编号	初始轴向压力 σ'_{v0}/kPa	开挖卸荷后轴向应力 σ'_{v1}/kPa	卸荷比 R	剪切前轴向应力 σ'_{v2}/kPa	固结状态
1#	160	160	0	160	等压固结
2#		80	1	160	
3#		40	3	160	
4#		0	—	160	
5#	240	240	0	240	
6#		120	1	240	
7#		60	3	240	
8#		0	—	240	
9#	160	160	0	160	K_0 固结
10#		80	1	160	
11#		40	3	160	
12#		0	—	160	

注:σ'_{v0} 为初始轴向应力;σ'_{v1} 为卸荷后的轴向应力;σ'_{v2} 为剪切前轴向应力;卸荷比 R 与第 3 章相同。

5.3　应力状态重塑三轴剪切试验

5.3.1　应力状态重塑试验结果(等压固结,σ'_{v0} = 160 kPa)

图 5-2 为等压固结状态下,初始轴向固结应力为 160 kPa 时,经历不同卸荷幅度后,重新加压至 160 kPa 等压状态时的不排水三轴试验曲线,相关试验结果见表 5-2。

图 5-2(a)为应力状态重塑后剪切过程的应力-应变关系曲线。可以看出,不论是应力状态重塑前还是应力状态重塑后,其应力-应变关系曲线呈弱应变硬化型。该应力-应变关系曲线可以分为三部分:①弹性阶段。应力-应变关系曲线呈直线状,但应力状态重塑前后该直线段的斜率有所不同,该段偏应力可达到峰值偏应力的 2/3 左右。②曲线段。在该段,应力-应变关系曲线上出现拐点,且随着应变的增加,应力增加幅度明显变缓,该拐点类似于弹塑性理论中的屈服点,即达到该点时即认为土体开始屈服。③塑性变形段。偏应力不增加或稍有增加即可导致应变急剧增加,类似于塑性流动。在该段,试样出现明显的剪切带,最终达到剪切破坏。

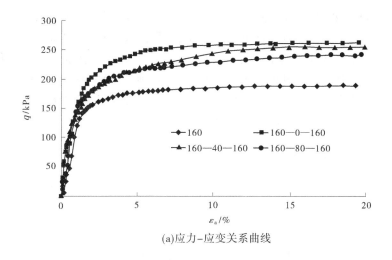

(a)应力–应变关系曲线

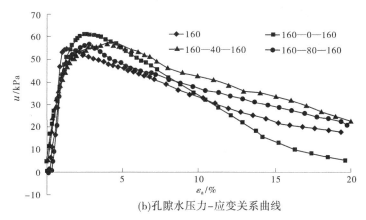

(b)孔隙水压力–应变关系曲线

图 5-2　等压固结时间效应的剪切试验结果($\sigma'_{v0} = 160$ kPa)

表 5-2　不排水剪切试验结果($1^{\#} \sim 4^{\#}$)

试验编号	σ'_{v0}	σ'_{v1}	σ'_{v2}	固结方式	q_f/kPa	u_f/kPa	q_{umax}/kPa	q_{umax}/q_f
$1^{\#}$	160	160	160		187.29	18.59	147.19	0.79
$2^{\#}$	160	80	160	等压固结	236.67	29.96	195.15	0.82
$3^{\#}$	160	40	160		254.21	33.78	207.47	0.82
$4^{\#}$	160	0	160		260.56	12.78	221.42	0.85

　　从不排水剪切强度来看,无论何种破坏标准,应力状态重塑后其不排水强度均大于应力状态重塑前。经历卸荷过程后的土体会产生一定的硬化性质,这类似于金属类材料的冷硬原理,即金属类材料在经历卸荷后再进行强度测试,其强度会较之前有所增加。卸荷幅度对于膨胀土应力状态重塑前后的不排水剪切强度也有一定的影响。卸荷幅度越大,应力状态重塑后所得强度越大。如等压固结 160 kPa 时其剪切强度为 187.29 kPa,而轴向应力卸荷至 0 和 80 kPa 再应力状态重塑至 160 kPa 后,其强度分别为 260.56 kPa 和 236.67 kPa。就强度增幅来看,随着卸荷幅度的不断增大,其强度增幅逐渐变缓。在边坡

开挖后的支护过程中,采用应力状态重塑方法进行支护,其稳定性/安全系数会较未开挖之前高。若完全按照应力状态重塑标准进行支护,会导致设计保守,从而造成浪费。

孔隙水压力随应变的发展规律见图 5-2(b)。如第 3 章所述,孔隙水压力峰值可以近似认为剪切带的开始形成点。可以看出,孔隙水压力在剪切初期急剧增大至峰值,此时的轴向应变 ε_{umax} 不尽相同。应力状态重塑前的 ε_{umax} 为 1.33%,而应力状态重塑后的 ε_{umax} 为 2.78%~3.92%,ε_{umax} 随着应力状态重塑而大幅延迟。

5.3.2　应力状态重塑试验结果(等压固结,$\sigma'_{v0}=240\ kPa$)

为分析固结围压对细历卸荷—应力状态重塑后膨胀土力学特性的影响,进行等压状态下 240 kPa 轴压下的应力状态重塑三轴剪切试验。具体试验结果见图 5-3 和表 5-3。

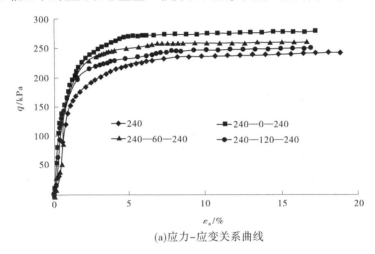

(a)应力–应变关系曲线

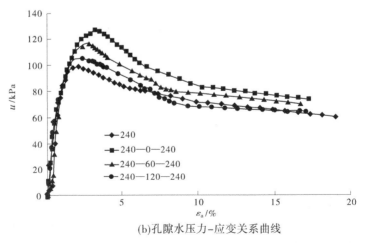

(b)孔隙水压力–应变关系曲线

图 5-3　等压固结时间效应的剪切试验结果($\sigma'_{v0}=240\ kPa$)

从图 5-3(a)可以看出,其应力–应变关系曲线的变化规律与图 5-2 类似,弹性阶段、弹塑性阶段和塑性阶段三阶段较为明显。从不排水强度来看,其均表现为经历较大的卸荷幅度再应力状态重塑后,其强度增大,这在两种破坏标准下变化规律均相同。但从其峰

表 5-3　不排水剪切试验结果 ($5^{\#} \sim 8^{\#}$)

试验编号	σ'_{v0}	σ'_{v1}	σ'_{v2}	固结方式	q_f/kPa	u_f/kPa	q_{umax}/kPa	q_{umax}/q_f
$5^{\#}$	240	240	240	等压固结	239.43	65.60	183.23	0.76
$6^{\#}$	240	120	240		248.97	65.47	213.83	0.86
$7^{\#}$	240	60	240		259.80	72.54	236.87	0.91
$8^{\#}$	240	0	240		277.16	76.63	251.77	0.91

值强度的增幅可以看出,卸荷至 0 再应力状态重塑后其强度较应力状态重塑前增加了 16%,与上节中轴压 160 kPa 应力状态重塑后强度增幅为 39% 相比,其增幅大幅减小,这说明随着轴压的增加,卸荷—再加荷后其强度的增幅在减小。对于边坡来说,边坡高度越高,进行基于应力状态重塑理论的边坡支护,其安全系数相对越小。从绝对强度来看,应力状态重塑前 $\sigma'_{v0} = 160$ kPa 时的峰值强度和 $\sigma'_{v0} = 240$ kPa 时的峰值强度相差较大(52.24 kPa),但经历相同卸荷比再重塑应力状态后强度相差很小,最大相差约 12 kPa。这说明卸荷—再加荷后,其不排水强度与围压(平均有效固结应力)的关联性较常规三轴在减弱,压硬性在削弱,卸荷—再加荷后膨胀土本身所承担的强度在增加,但 q_{umax} 与平均有效固结应力仍关系密切,即其随着平均有效固结应力的增加而增加。

孔隙水压力-应变的关系曲线见图 5-3(b),其峰值的变化规律与图 5-2 类似,但由于围压较大,其孔隙水压力峰值较图 5-2 有了较大幅度的提高。

5.3.3　应力状态重塑试验结果(K_0 固结, $\sigma'_{v0} = 160$ kPa)

K_0 固结条件下卸荷—再加荷三轴不排水剪切试验结果见图 5-4、表 5-4。

从图 5-4(a) 可以看出, K_0 固结状态和等压固结状态所得曲线规律类似,基本呈弱应变硬化型。其不排水剪切强度(两种破坏标准)的变化规律与等压固结时类似,增幅在等压固结状态下初始固结轴压 160 kPa 和 240 kPa 的强度增幅之间。

在相同轴压(160 kPa)下, K_0 固结和等压固结除应力状态重塑前的峰值强度相差较大外,经历卸荷过程应力状态重塑后其剪切强度相差较小,这与等压固结下固结轴压为 160 kPa 和 240 kPa 时的峰值强度相类似。说明对于膨胀土,较大的围压(平均有效固结应力)在初始常规三轴中对不排水强度影响较大,在经历卸荷过程再加荷后,其平均有效固结应力虽有所不同,但所得强度基本相同。

类似地,在相同围压下,应力状态重塑前 K_0 固结($\sigma'_{v0} = 160$ kPa)和等压固结($\sigma'_{v0} = 240$ kPa)的峰值强度相差约 27 kPa,但经历相同卸荷比再重塑应力后其两种破坏标准下的不排水剪切强度均基本相同。

分析其原因,试验过程为加荷(初始固结)—卸荷—再加荷路径,在卸荷过程中,由于卸荷幅度的不同,会对土样造成不同程度的损伤。由第 4 章可知,卸荷幅度越大,其强度损伤越明显。在上述试验中,等压固结下 $\sigma'_{v0} = 160$ kPa 与 $\sigma'_{v0} = 240$ kPa 时,相同卸荷比时固结应力为 240 kPa 时的卸荷幅度较 160 kPa 大(当卸荷比均为 1 时,卸荷幅度相差 40 kPa),故其卸荷过程对土样造成的损伤更加明显,在重新固结后,损伤部分得到部分恢复。这也是造成等压固结下轴向固结应力为 160 kPa 与 240 kPa 时应力状态重塑后强度基本相同的一个重要原因。K_0 固结($\sigma'_{v0}=160$ kPa)和等压固结($\sigma'_{v0}=240$ kPa)时的应力状态重塑其强度基本相同的机制类似。

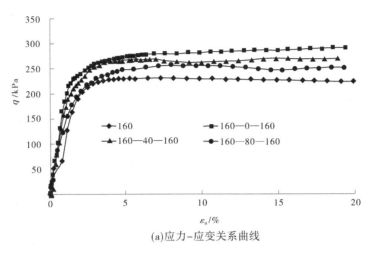

(a)应力-应变关系曲线

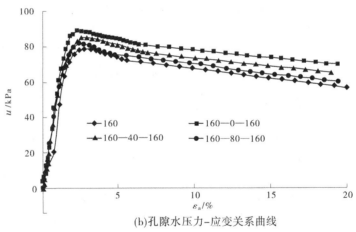

(b)孔隙水压力-应变关系曲线

图 5-4　K_0 固结时间效应的剪切试验结果

表 5-4　不排水剪切试验结果($9^\#\sim12^\#$)

试验编号	σ'_{v0}	σ'_{v1}	σ'_{v2}	固结方式	$q_{\mathrm f}$/kPa	$u_{\mathrm f}$/kPa	q_{umax}/kPa	$q_{\mathrm{umax}}/q_{\mathrm f}$
$9^\#$	160	160	160		212.48	53.76	170.72	0.80
$10^\#$	160	80	160	K_0 固结	242.96	64.12	216.89	0.88
$11^\#$	160	40	160		257.89	69.23	248.40	0.91
$12^\#$	160	0	160		272.86	73.67	248.49	0.87

5.4　割线模量

表 5-5 为两种固结方式经历不同卸荷幅度应力状态重塑前后其割线模量 E_{50} 的计算结果。其中,$E_{前}$ 为应力状态重塑前的割线模量,$E_{后}$ 为应力状态重塑后的割线模量。

表 5-5　割线模量 E_{50}

	编号	160(1#)	160—80—160(2#)	160—40—160(3#)	160—0—160(4#)
等压固结	E_{50}/MPa	12.32	16.44	18.16	18.35
	$E_后/E_前$	1	1.33	1.47	1.49
	编号	240(5#)	240—120—240(6#)	240—60—240(7#)	240—0—240(8#)
	E_{50}/MPa	17.10	23.94	20.30	28.87
	$E_后/E_前$	1	1.40	1.87	1.67
K_0 固结	编号	160(9#)	160—80—160(10#)	160—40—160(11#)	160—0—160(12#)
	E_{50}/MPa	14.55	15.63	18.85	20.79
	$E_后/E_前$	1	1.07	1.30	1.43

　　除等压固结 σ'_{v0} = 240 kPa 下卸荷至 120 kPa 应力状态重塑结果外,总体上看,随着卸荷幅度的增加,应力状态重塑后其割线模量在依次增加,但其增幅不尽相同。其中,增幅最大的为等压固结下轴向固结应力 240 kPa 时,应力状态重塑前后从 17.10 MPa 增至 28.87 MPa,增幅达 167%。从上述不排水剪切强度可以看出,除应力状态重塑前等压固结应力为 160 kPa 和 240 kPa 时剪切强度相差较大外,经历卸荷过程再加荷其不排水强度基本不变。但从表 5-5 中可看出,其割线模量则表现出明显的不同。随着应力状态重塑前卸荷幅度的增加,其割线模量明显增加。

5.5　应力状态重塑强度增长机制

　　为表征应力状态重塑前后土体强度的变化规律,表 5-6 中用应力状态重塑后的土体强度以应力状态重塑前的土体强度进行归一化,从而较好地反映强度增幅。其中,$q_前$ 为应力状态重塑前的不排水剪切强度,$q_后$ 为应力状态重塑后的不排水剪切强度。总体上来讲,应力状态重塑后的不排水剪切强度较应力状态重塑前的均有不同程度的提高,而这与土体材料的弹塑性性质密不可分。

表 5-6　应力状态重塑前后不排水剪切强度

	编号	160(1#)	160—80—160(2#)	160—40—160(3#)	160—0—160(4#)
等压固结	$q_后/q_前$	1	1.26	1.36	1.39
	编号	240(5#)	240—120—240(6#)	240—60—240(7#)	240—0—240(8#)
	$q_后/q_前$	1	1.04	1.09	1.16
K_0 固结	编号	160(9#)	160—80—160(10#)	160—40—160(11#)	160—0—160(12#)
	$q_后/q_前$	1	1.14	1.21	1.28

　　土体的孔隙比、含水率、土的结构和矿物质、前期应力状态和当前应力状态及加载路径等都会影响土的力学性质。在土力学中，通常的应力范围内，一般认为水和土颗粒都是不可压缩的，土体的变形是由孔隙的改变引起的。对于饱和土，孔隙被水填满，在荷载作用下体积的变化可根据排水量确定。书中所采用的卸荷方式为等（偏）压固结加荷、卸荷—再加荷，在该过程中土体力学特性发生改变，这与土体的静压屈服特性有关，即在体积应力（静水压力）作用下，土体不仅会产生弹性体积应变，还会产生塑性体积应变，其相关关系可用图 5-5 来描述。

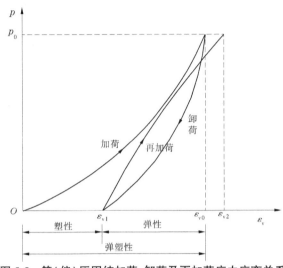

图 5-5　等（偏）压固结加荷、卸荷及再加荷应力应变关系

　　由图 5-5 可知，不管是加荷还是卸荷，均表现出了明显的非线性特征。加荷过程中产生的变形包括弹性变形和塑性变形，当卸荷到初始应力状态时，应变得到恢复的部分是弹性应变，不可恢复的部分即为塑性应变。土体材料的这种在体积应力作用下会产生塑性变形的性质与金属材料显著不同，如金属材料在等压状态下的体积变形很小，塑性变形更小，但土是由土颗粒、孔隙气和水组成的三相体，即使是等压状态，随着土体中水的排出和气体的压缩或排出，土体会产生一定的弹性变形和塑性变形，这也是土体力学特性较为复杂的一个重要原因。

　　基于以上土体材料非线性的表述，对土体加荷—卸荷—再加荷过程进行详细描述。在图 5-5 中，土体从 0 加荷至平均有效固结应力 p_0 时，产生的体积应变为 ε_{v0}；此时，进行卸荷，土体卸荷至 0 应力状态时，体积应变并没有得到完全恢复，而是会残留一部分体积应变 ε_{v1}，即仅恢复了弹性部分的体积应变（$\varepsilon_{v0}-\varepsilon_{v1}$）；卸荷至 0 后再加荷至 p_0 时，其体积应变并非为第一次加荷至 p_0 时的 ε_{v0}，而是增大至 ε_{v2}。由于有较大的体积应变，也必然会导致土体有较小的孔隙比，根据剑桥模型中 e-p-q 的唯一性原理，应力状态重塑后土体具有较大的剪切强度。

　　同理，由图 5-6 所示的 e-$\lg p$ 曲线，可以得出类似于此图的结论，所不同的是 e-$\lg p$ 曲线是在一维固结试验所得的，而图 5-5 是在三轴仪中进行的，但其机制类似。

　　下面以一维固结试验结果进行验证。图 5-7 为室内一维固结试验曲线，在加荷至 800

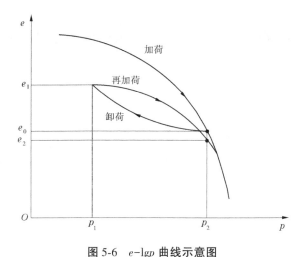

图 5-6　e-$\lg p$ 曲线示意图

kPa 后卸荷至 40 kPa,再加荷的 e-$\lg p$ 曲线。从图 5-7 中可以看出,3 个试样在重新加荷至 800 kPa 时,其孔隙比均有不同程度的减小。以 1# 试样为例,在经历了卸荷—再加荷后,其孔隙比减小了约 0.01,宏观上表现为较大的剪切强度。

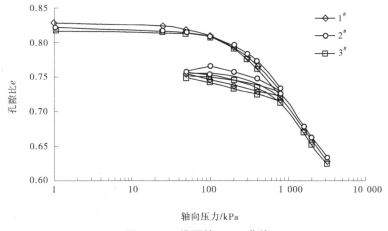

图 5-7　一维固结 e-$\lg p$ 曲线

　　如本章开始所述,应力状态重塑是将土体应力状态重塑至其开挖前的初始状态,此时,认为开挖后土体是稳定的。上述加荷—卸荷—再加荷试验表明,经历了该过程后,土体已恢复不到其初始状态。值得一提的是,在经历了应力状态重塑后,由于塑性变形无法恢复,其孔隙比较应力状态重塑前稍有减小,土体强度较应力状态重塑前均有不同程度的增加。这也将使得利用应力状态重塑法进行边坡支护所得安全系数较大,该方法偏于安全。所以,在进行边坡支护过程中,纯粹的应力状态重塑会造成浪费,可以在试验及理论分析的基础上,合理选取参数进行边坡稳定性分析。本章所述应力状态重塑为广义上的应力状态重塑,也可理解为将其重塑至其强度参数能够满足开挖坡体稳定状态时所需要的支护应力,并非仅限于应力状态重塑前后其应力状态完全一致。

5.6　卸荷—应力状态重塑膨胀土细观分析

5.6.1　CT 技术原理

试验土力学是现代土力学发展的基础,土工试验是认识岩土材料特性及揭示其演化机制的重要手段。目前的试验设备大多还都是建立在材料均质假设基础上的宏观应力和应变的测试。随着科学技术的发展,近年来,观测岩土材料内部结构变化的试验方法研究已成为岩土力学领域的热门课题之一。CT 技术因其可以动态、定量和无损地量测岩土材料在受力过程中内部结构的变化过程而备受关注。

CT(computed tomography),即电子计算机体层摄影,一般指 X 射线 CT 技术。该技术开创于 20 世纪 70 年代,现在的 CT 技术已经在扫描方式、扫描速度、重建方式及图像处理等方面有了长足的进步。试验所用仪器为长江科学院水利部岩土力学与工程重点实验室的德国西门子 Somatom Sensation 40 型 CT 可视化试验系统(见图 5-8),利用其自主研发的 CT 三轴仪进行三轴剪切试验,其基本技术参数如表 5-7 所示。

图 5-8　CT 可视化试验系统

表 5-7　CT 三轴仪的基本技术参数

项目	参数	项目	参数
扫描最大直径	70 cm	图像显示矩阵	1 024 pixel×1 024 pixel
扫描长度	1 570 mm	像素大小	最小 0.29 mm
最薄厚度	0.6 mm	Hu 标度	−1 024~+3 071
图像重建矩阵	512×512	可视密度分辨率	0.3%

CT 成像的物理基础是物体对 X 射线的吸收存在偏差,物质的吸收和散射造成的衰减:

$$\mathrm{d}I_0 = -I_0 \mu \mathrm{d}x \tag{5-1}$$

积分得:

$$\int_t \mu \mathrm{d}x = \ln\left(\frac{I_0}{I}\right) \tag{5-2}$$

式中:I_0 为 $x=0$ 时的初始强度;$\mathrm{d}x$ 为射线透过的距离;μ 为衰减系数;t 为射线透过的厚度;I 为透过厚度为 t 的物体后的强度。

其中,μ 只与入射线波长和物质的原子序数及物质密度有关。因此,入射线波长一定时,μ 就可以表征物质。CT 中常用 CT 数来表征,并根据 CT 数矩阵建立图像。

$$CT \ 数 = \frac{K(\mu - \mu_\text{水})}{\mu_\text{水}} \tag{5-3}$$

式中:K 为放大系数,一般取 1 000;μ、$\mu_\text{水}$ 分别为物体和水的衰减系数。

CT 的发明者 Hounsfield 教授定义,空气的 CT 数为 -1 000,纯水的 CT 数为 0,纯冰的 CT 数为 -100。水和空气的 CT 值不受射线能量的影响,一般岩土介质的 CT 值为 -1 024~ +3 071 Hu(Hounsfield unit)。

5.6.2　CT 技术在膨胀土中的应用

CT 技术因具有无损、动态、定量检测且分层识别材料内部组成与结构信息等优点而倍受国内外工程领域及学术界的重视。国外已成功将 CT 技术运用于岩土工程领域,并取得了显著成果。国内对岩土体 CT 方面的研究始于 20 世纪 90 年代初期。目前,CT 技术在岩土力学研究中的应用日臻广泛与深入,主要集中于土壤大孔隙、土体结构性、土体裂隙演化等方面。下面就 CT 技术在膨胀土力学特性研究中的应用进行介绍。

膨胀土作为一种特殊结构土类,CT 技术在其“三性”中裂隙性方面应用较多,并取得了一系列有意义的研究成果。陈正汉教授是国内最早将 CT 技术应用于膨胀土研究的学者之一,在中国科学院寒区旱区环境与工程研究所的 CT 机上进行了重塑膨胀土干湿循环前后裂隙演化过程,并且提出了基于 CT 数据的裂隙损伤变量,并于 2000 年左右研制出适用于 CT 试验的非饱和三轴剪切仪,随后对原状膨胀土进行了非饱和三轴剪切 CT 扫描,建立了基于 CT 数的强度损伤演化方程,并将该演化方程扩展至非饱和膨胀土弹塑性损伤本构模型,对非饱和膨胀土边坡三相多场耦合问题进行了数值计算分析,揭示了膨胀土开挖及气候变化条件下的失稳机制。随后,程展林、胡波、龚壁卫等利用长江科学院 CT 科研工作站就膨胀土干湿循环前后其裂隙演化等特征进行了研究,长安大学雷胜友等也对膨胀土的加水变形、强度特性及结构变化规律等进行了细观分析。总之,对于以 CT 扫描为基础的膨胀土特性的细观分析方面的研究逐渐深入,对膨胀土典型的胀缩性、裂隙性及超固结性均有不同程度的涉及。

膨胀土经历卸荷—应力状态重塑后,宏观上表现为强度增加,对其机制以土力学理论为基础进行了分析与探讨,在此基础上,进行应力状态重塑前后膨胀土样的 CT 扫描试验,研究 CT 技术在定量描述卸荷—应力状态重塑方面的可行性,进一步拓展 CT 技术的研究领域。

5.6.3　基于 CT 技术的膨胀土固结前后细观分析

5.6.3.1　CT-三轴试验方案

考虑到 CT-三轴试验系统参数要求,选用直径 100 mm、高度 200 mm 的圆柱体样进行 CT-三轴试验。为精确分析不同阶段相同层的 CT 图像变化规律,试验扫描层厚为 0.7 mm,试样扫描一次获得约 280 张有效图片,仅以每隔 1.05 cm 的厚度进行 CT 试验数据相关分析。

众所周知,卸荷会造成土体损伤。为分析加荷—卸荷及再加荷过程对膨胀土样不同区域的影响,通过设置大小圆(环)状区域来说明。由于卸荷对土体造成的影响内外不均,故 CT 后处理区域横截面为同心圆,面积分别为 64.39 cm^2、39.01 cm^2、19.00 cm^2 及 3.23 cm^2,分别称为大区、中一区、中二区及中心区,同时也对环状区域进行了相关参数的获得,其分区示意图如图 5-9 所示。

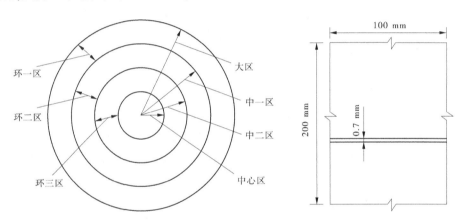

图 5-9　扫描层位及每层各区的划分示意图

常规三轴试验主要分为固结阶段和剪切阶段。本节主要就卸荷过程及应力状态重塑前后的膨胀土样进行细观分析。与上节试验方案相对应,分别对膨胀土样的初始状态、固结后,不同卸荷幅度后及应力状态重塑后等应力状态进行 CT 扫描。表 5-8 为具体试验编号及其相对应的不同固结阶段。试样天然含水率为 26.4%,干密度为 1.57 g/cm^3,其中试样预压轴向力为 100 N。

表 5-8　CT 扫描各阶段

0 号	1 号	2 号	3 号	4 号	5 号
初始状态	160 kPa 固结后	卸荷至 80 kPa 时	卸荷至 40 kPa 时	卸荷至 40 kPa 固结后	增荷至 160 kPa

5.6.3.2　应力状态重塑 CT 扫描试验

由于篇幅所限,下面仅列出试样 150 层的 CT 图像进行分析,见图 5-10。

从图 5-10 可以看出,各阶段 CT 图像中均有白点分布,该白点为南阳膨胀土中常见的钙锰结核,肉眼看时为黑色。在该 CT 图像中,黑色和白色分别表示密度小和密度大的物质。土样横截面除白点外,其余颜色基本一致,偶有孔洞(CT 图像中的黑点)出现。孔洞可以作为卸荷前后土体变化的一个重要参考点。从图 5-10 可以看出,0~4 号 150 层位右下角位置的黑色圆孔均无变化,但在重新增荷至 160 kPa 后,孔洞有所减小(见图 5-11),这也印证了应力状态重塑前后膨胀土孔隙比的变化。由于 CT 分辨率有限,并未发现卸荷所产生的微裂隙。

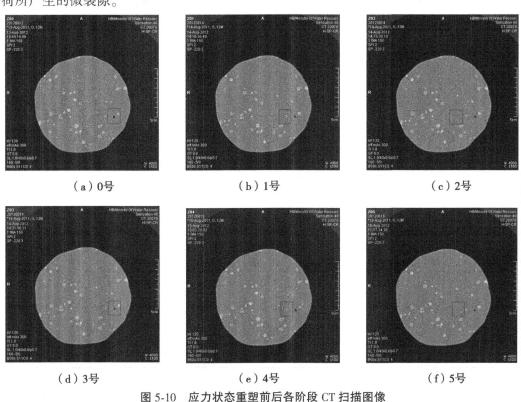

（a）0号　　　　　　　　　　（b）1号　　　　　　　　　　（c）2号

（d）3号　　　　　　　　　　（e）4号　　　　　　　　　　（f）5号

图 5-10　应力状态重塑前后各阶段 CT 扫描图像

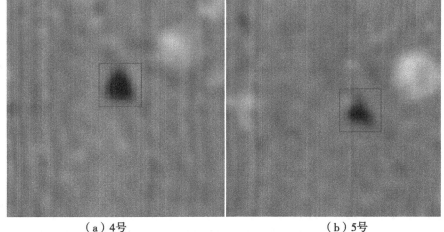

（a）4号　　　　　　　　　　　　　　（b）5号

图 5-11　相同放大倍数后的孔洞

　　CT 图像只能定性地反映试样随固结应力变化的演化趋势,而 CT 数的 ME 值及其方差 SD 值则可定量地反映出试样断面的一些结构特征。其中,ME 值反映了断面上所有物质点的平均密度;SD 值反映了断面上物质点密度的差异程度。因此,随土体经历的加、卸荷过程应力状态的不同,ME 值和 SD 值会有所变化,从而为定量描述试验过程对土体的影响规律提供了可能。

　　为了解加荷—卸荷—再加荷过程对膨胀土样不同区域的影响,给出了各扫描层位下多个区域的 CT 数均值及方差如表 5-9 所示。

表 5-9　试样的 CT 数均值和方差

编号	区域	大区	环一区	中一区	环二区	中二区	环三区	中心区
0 号	ME	1 283.74	1 295.41	1 275.98	1 277.31	1 274.58	1 274.02	1 277.30
	SD	186.94	180.72	190.99	187.59	194.57	193.67	199.00
1 号	ME	1 290.97	1 302.19	1 283.81	1 282.19	1 285.37	1 286.28	1 280.78
	SD	184.44	173.71	191.29	186.58	195.77	195.73	195.96
2 号	ME	1 288.38	1 301.22	1 279.99	1 281.68	1 278.41	1 279.47	1 273.08
	SD	184.58	175.03	190.81	187.59	193.82	192.94	198.23
3 号	ME	1 287.37	1 299.44	1 279.99	1 281.07	1 278.89	1 279.90	1 273.75
	SD	185.16	174.73	191.53	187.47	195.63	195.24	197.63
4 号	ME	1 284.03	1 296.24	1 276.42	1 277.17	1 275.67	1 275.54	1 276.32
	SD	186.43	175.21	193.43	189.94	196.91	196.77	197.60
5 号	ME	1 290.86	1 305.38	1 282.00	1 285.36	1 278.50	1 280.31	1 268.97
	SD	196.01	207.34	189.09	160.54	218.71	224.10	190.40

　　从表 5-9 中可以看出,除中心区外,其余各区域的 CT 数变化均较好地反映出加荷—卸荷—再加荷的固结过程,各区域的变化幅度类似。就上述 CT 数(密度)而言,环一区和环二区的 CT 数分别从初始固结(1 号样)后的 1 302.19 和 1 282.19 增加至再固结后的 1 305.38 和 1 285.36,这也从细观上对应力状态重塑前后其孔隙比的变化给出了解释,表明环一区和环二区环状区域受加、卸荷影响较为显著。相比来讲,大区及其他区域的 CT 数在应力状态重塑前后均有一定的下降,这说明加、卸荷过程对土样的影响并非是均匀的,通过设置不同的环状区域可以反映出该过程对土样某部位的影响。

　　鉴于不同区域 CT 数及 CT 数方差的不均匀性,下面以具有代表性的大区为例,分析各固结阶段 CT 数和 CT 数方差的变化规律,如图 5-12 所示。

　　由图 5-12 可以看出,CT 数的变化规律与宏观试验所得结果完全符合。在 0 号阶段,试验中 CT 数较小,随着初次固结的完成,其 CT 数也由 1 283.74 增至 1 290.97,随之进行卸荷,随着卸荷幅度的不同,其 CT 数均有所反映,如卸荷至 80 kPa,其 CT 数降为 1 288.38;卸荷至 40 kPa 时,其 CT 数变为 1 287.38;卸荷至 40 kPa 保持 1 d 后,其 CT 数为 1 284.03,与初始状态下的 CT 数基本相同,这也说明对于卸荷损伤随时间的增加而不

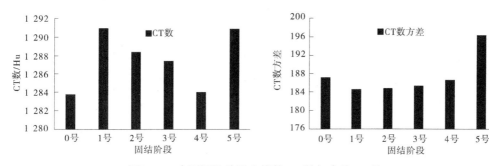

图 5-12　大区固结前后土样的 CT 数与方差 SD 值

断增大,即对第 4 章不同固结时间下的膨胀土强度在细观层面进行了解释;随着固结应力再次增加至初始状态,其 CT 数也随之增大至 1 290.86,与初始固结时的 CT 数基本相同。尽管在此过程中 CT 数的变化幅度较小,但是该规律表明可以用 CT 数进行土体卸荷过程土体参数的相关研究。

　　CT 数方差 SD 值能更好地反映土体结构变化的程度。从大区 SD 值的变化规律来看,土体初始时的 SD 值为 186.94,随着初始固结的完成,其 SD 值减小至 184.44,说明土体在固结后均匀性较初始状态更好,也反映出取土卸荷会对土体产生一部分损伤,该部分损伤可以在室内通过固结围压来进行部分恢复。随之进行卸荷过程,经历卸荷过程后其 SD 值均有小幅增大,且卸荷至 40 kPa 及保持 1 d 后,其 SD 值呈增大趋势,卸荷会使土样不均匀性增加,这也从侧面反映了卸荷过程对土体造成的损伤效应(如微裂隙等);值得注意的是,在重新加荷至初始固结状态时,其 SD 值大幅增加,由 186.43 增至 196.01,该变化规律在环一区更为明显,由 175.21 增至 207.34,但中心区则正好相反,在卸荷至 40 kPa 保持 1 d 后再增至 160 kPa 时,其 SD 值由 197.60 减至 190.40。这说明在此重新加荷的过程中,土体结构产生了较大的变化,该变化在土体中并非均匀进行,而是中心区域不受影响,而中心区域外的其他区域影响较大。

5.6.3.3　CT 数与密度 ρ 的关系

　　按照上述计算方法,各固结阶段下膨胀土的密度及标准差的计算结果如表 5-10 所示。

表 5-10　试样的 CT 数均值和方差

编号	区域	大区	环一区	中一区	环二区	中二区	环三区	中心区
0 号	干密度	1.553 7	1.561 7	1.548 4	1.549 3	1.547 5	1.547 1	1.549 3
	标准差	0.006 2	0.006 3	0.007 9	0.008 6	0.009 3	0.009 3	0.023 3
1 号	干密度	1.558 6	1.566 3	1.553 8	1.552 6	1.554 4	1.555 4	1.551 7
	标准差	0.005 9	0.006 8	0.007 3	0.009 6	0.008 6	0.009 5	0.016 7
2 号	干密度	1.556 9	1.565 6	1.551 2	1.552 3	1.550 1	1.550 8	1.546 5
	标准差	0.006 2	0.006 3	0.007 5	0.009 9	0.007 7	0.007 6	0.020 1

续表 5-10

编号	区域	大区	环一区	中一区	环二区	中二区	环三区	中心区
3 号	干密度	1.556 2	1.564 4	1.551 2	1.551 9	1.550 4	1.551 1	1.546 9
	标准差	0.006 3	0.006 7	0.007 4	0.009 3	0.008 3	0.009 1	0.017 2
4 号	干密度	1.553 9	1.562 2	1.548 7	1.549 2	1.548 2	1.548 1	1.548 7
	标准差	0.005 7	0.006 1	0.007 1	0.009 2	0.008 3	0.008 1	0.017 9
5 号	干密度	1.558 6	1.568 4	1.552 5	1.554 8	1.550 1	1.551 4	1.543 7
	标准差	0.005 9	0.006 2	0.007 1	0.009 0	0.008 1	0.007 7	0.018 5

在表 5-10 中,各区域的密度变化规律与 CT 数变化规律类似,且应力状态重塑后环一区和环二区的密度较应力状态重塑前稍有增加,这更直接地说明了利用 CT 进行膨胀土加荷—卸荷—再加荷过程研究的可行性。大区各固结阶段密度的柱状图如图 5-13 所示,可以看出密度在各固结阶段的变化规律。至此,应力状态重塑前后膨胀土不同区域密度的变化规律通过 CT 细观分析得到了有效的解释,同时也说明了 CT-三轴实时试验系统的优越性。

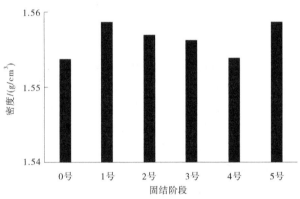

图 5-13 大区各固结阶段密度的变化规律

5.6.4 应力状态重塑剪切过程 CT 细观分析

5.6.4.1 扫描特征点选取

在 5.6.3 节应力状态重塑前后固结阶段膨胀土的细观分析结果进行分析的基础上,本节就其剪切过程中的三轴-CT 实时扫描结果进行分析。试验采用固结不排水剪切,CT 三轴试验系统为应力控制式。

应力状态重塑后(160—40—160)的室内三轴不排水剪切试验结果如图 5-14 所示,分别近似选取具有代表性的初始阶段、弹性阶段、弹塑性阶段、塑性流动阶段及破坏阶段 5 个特征点,达到此特征点时进行 CT 扫描。为与 5.6.3 节土样编号一致,固结完成后剪切前的土样编号为 5 号,以上特征点分别为 6 号、7 号、8 号和 9 号,扫描阶段见表 5-11 及图 5-14,具体扫描参数同上。

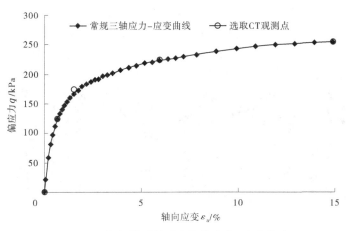

图 5-14　各扫描时刻对应的偏应力−应变状态

表 5-11　剪切过程中不同扫描特征点

试样编号	应变/%	偏应力 q/kPa	说明
5 号	0	0	固结完成后
6 号	0.5	101.8	弹性阶段
7 号	1.8	175.8	弹塑性阶段
8 号	6.0	223.0	弹塑性阶段
9 号	15.0	255.0	塑性流动阶段

5.6.4.2　CT−三轴剪切过程

图 5-15 为初始状态及剪切完成时的试样照片。可以看出,试样在剪切后出现了明显的剪切破坏,这与宏观上试验前后试样一致。为分析各截面土样的变化规律,给出了 5~9 号试样 150 层位横截面图片,其中 5 号试样的图片见图 5-10(f)及图 5-11(b)。

(a)剪切前

(b)剪切后

图 5-15　剪切前后试样照片

从 CT 图像(见图 5-16)上来看,在剪切前及剪切过程中,在任意高度的膨胀土截面并未看到明显的裂隙开展等,与非饱和剪切过程中的 CT 图像有明显差别。这说明在饱和膨胀土剪切过程中,其力学状态在 CT 图像上的反映并不显著。但随着剪切的进行,CT 图像所得试样横截面在扩大,这与剪切带形成后的错动有关。

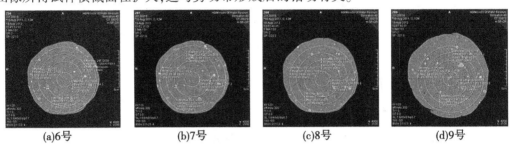

(a)6号　　　　　(b)7号　　　　　(c)8号　　　　　(d)9号

图 5-16　剪切过程不同阶段 CT 图像

剪切过程中试样的 CT 数均值及方差的变化规律见图 5-17。可以看出,各区 CT 数的变化规律不尽相同。大区、环一区、中一区的 CT 数均随剪切的进行而减小;中心区、环二区的 CT 数则在剪切初期上升后随之减小;中二区和环三区的 CT 数在剪切初期减小,并随着剪切位移的增加,CT 数反而有所提高。这说明对于土样整体而言,CT 数随着剪切位移的增加逐渐减小,与粉质黏土的三阶段损伤过程类似,即未经历初始压密阶段,直接进入损伤阶段。

对剪切带附近土体局部区域的 CT 数进行统计时发现,剪切带附近土体 CT 数有所增加。说明剪切时有压密作用,剪切过程中土样各部分损伤各不相同。需要注意的是,剪切过程中虽然个别区域 CT 数有所增加,结构更加密实均匀,但土体结构本身遭到了破坏;也就是说,土样在剪切过程中存在原有结构遭到破损、新的结构不断形成的过程。

以上分析的是试样平均 CT 数及其方差,从剪切后的试样(见图 5-15)来看,其并非全试样均匀产生破坏,而是以剪切带为分界线,上下两部分各自完好。故将试样分为上、中、下三部分,下面以大区为例,就其 CT 数及其方差进行分析。其中,试样共有 280 个层位,上下端部分别去掉 20 个层位,上、中和下三部分均为 80 个层位。其 CT 数及其方差为该80 个层位的平均值,如表 5-12 和图 5-18 所示。

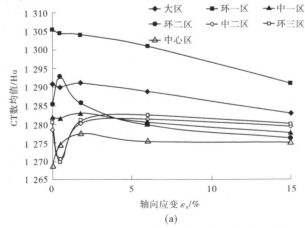

(a)

图 5-17　试样各区域的 CT 数均值和方差 SD 值

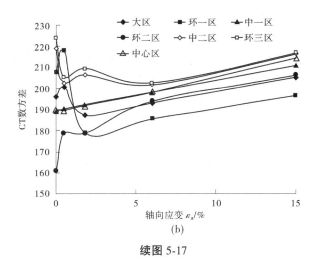

(b)

续图 5-17

表 5-12　各断面的 ME 和 SD 值

编号	断面	上部	中部	下部
5 号(0)	ME	1 296.37	1 283.47	1 286.92
	SD	180.44	185.75	187.20
6 号(0.5%)	ME	1 298.57	1 282.73	1 286.93
	SD	183.90	185.88	187.41
7 号(1.8%)	ME	1 299.33	1 282.90	1 288.69
	SD	184.18	185.72	189.37
8 号(6.0%)	ME	1 296.49	1 276.78	1 287.03
	SD	189.77	193.32	198.41
9 号(15.0%)	ME	1 292.95	1 270.66	1 287.33
	SD	197.85	209.56	210.61

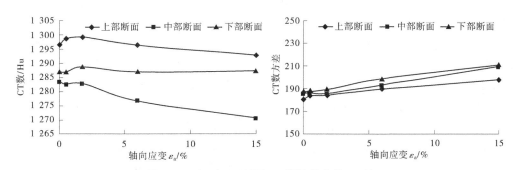

图 5-18　上、中、下断面 CT 数及其方差 SD 值

由图 5-18 可以看出,上部断面 CT 数有先增大后减小的趋势,中部断面 CT 数则随轴向应变的增加单调减小,下部断面 CT 数则基本无变化。这也很好地反映了剪切过程中土体剪切破坏的位置。从 CT 数方差来看,各断面 CT 数方差均单调增加。如果以 SD 值来表示剪切过程中的土体损伤,随着剪切位移的增加,土体损伤不断增加。

方祥位等在研究土体损伤与剪切位移的关系时,发现 SD 值与剪切位移呈指数函数。从图 5-18 可以看出,在不同区域下饱和膨胀土 SD 值与剪切位移的关系较为复杂。中、下部分 SD 值与剪切位移呈近似直线相关关系,而上部分 SD 值与剪切位移则呈指数关系,这也反映出剪切带部分与非剪切带部分其损伤变化规律不同。

借用方祥位等提出的损伤参数的计算方法:

$$D = \frac{W_i - W}{W_i - W_f} \qquad (5\text{-}4)$$

式中:W_i 为相对无损状态的膨胀土 SD 值(固结完成后);W_f 为剪切破坏时的 SD 值;W 为某一损伤状态下的膨胀土 SD 值。

根据图 5-19 所示的直线相关关系,可以用公式 $D = D_0 + A\varepsilon_a$ 表示;而指数关系则为 $D = 1 - \exp(-A\varepsilon_a)$,其中 A 为拟合参数。

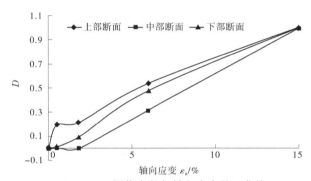

图 5-19   损伤参数与轴向应变关系曲线

5.7 小 结

(1)膨胀土卸荷—应力状态重塑后其不排水剪切强度均大于应力状态重塑前,且卸荷幅度越大,其不排水剪切强度越大。

(2)从破坏强度 q_f 来看,平均有效固结应力对未经历卸荷过程土体强度的影响显著。在经历了卸荷过程重新固结后,不同的平均有效固结应力下其不排水剪切强度 q_f 相差较小,即其不排水剪切强度与平均有效固结应力的相关性在减弱。这也从侧面验证了卸荷会对土体造成一定的损伤,随着卸荷幅度的增加其损伤也在加剧。

(3)从固结方式上来看,K_0 固结较相同轴向压力下等压固结在应力状态重塑后强度增幅大,但较相同围压固结时的强度增幅小,这说明强度增幅与卸荷幅度相关性较强。

(4)从固结前后的 CT 图像上可以看出,以其横截面上的黑洞为参考,扫描前后其变化规律在一定程度上反映出土体的应力状态。对其 CT 数的 ME 值及其方差 SD 值分析后,发现其可以较好地定量地反映出膨胀土经历的加荷—卸荷—再加荷过程。对各特定区域分析后也表明,卸荷过程对土样各区域的影响不尽相同。

(5)膨胀土剪切后剪切带上下两部分土体基本保持完好,在对土样上、中及下部的 CT 数的 ME 值和方差 SD 值的分析中发现,上部断面 CT 数有较明显的先增大后减小的趋势,中部断面 CT 数则随轴向应变的增加单调减小,下部断面 CT 数则基本无变化。这较好地反映了剪切过程中土体剪切破坏的位置。如果以 SD 值表示剪切过程中的土体损伤,损伤随着剪切位移的增加不断累积,但损伤参数与轴向应变的变化规律在上、中和下 3 部分的表现不一致,建议土体损伤应分区域进行研究。

第6章　考虑卸荷速率的膨胀土应力–应变行为

6.1　引　言

　　土体时间相关的应力–应变关系的研究一直是岩土工程研究的一个重要课题。目前,对于土体时间相关本构模型的研究主要有两种方法:一种是基于速率过程理论的微观流变学的方法;另一种是宏观流变学即宏观力学的方法(经验公式法、黏弹性模型方法和弹黏塑性本构模型方法)。黏弹性和弹黏塑性本构模型可以比较精确地模拟多种路径及加卸荷速率下土体的应力(孔隙水压力)–应变关系,但其参数较多,应用比较复杂。经验模型以获得特定条件下的应力–应变关系为目的,一般形式比较简单,能够在一定精度范围内预测所需结果。

　　多位学者对膨胀土本构模型进行了研究,但对于 K_0 固结应力速率影响下膨胀土本构模型的合理表述目前尚未形成共识。从第2章也可看出,在应力控制式三轴试验中,所得应力–应变关系曲线均呈应变硬化型,可以用双曲线方程进行拟合,这对于特定条件下的应力–应变性状的预测简单有效。基于邓肯–张模型的非线性本构模型可以反映土体非线性变形的主要特点,模型简单、参数少,这些参数均可通过常规三轴试验获得,应用广泛。本章主要通过对第2章所得不同固结方式及固结围压下的应力–应变关系曲线进行拟合分析,将所得参数与应力速率建立某种合理关系,进而可以方便地获得不同应力速率下的模型参数。

6.2　时间相关本构模型

6.2.1　弹黏塑性本构模型

　　对于土体力学特性时间效应的弹黏塑性本构模型的建立,多位学者均在一维及三维状态下进行了大量的研究,取得了一系列研究成果。本节仅就弹黏塑性本构模型三维状态下的一般建立方法进行概述。

　　根据 Perzyna 超应力理论,总应变速率由两部分组成:弹性应变速率和黏塑性应变速率。其表达式为

$$\dot{\varepsilon}_{ij} = \dot{\varepsilon}_{ij}^{e} + \dot{\varepsilon}_{ij}^{vp} \tag{6-1}$$

其中,弹性应变速率部分的计算类似于改进的剑桥模型,即

$$\dot{\varepsilon}_{ij}^{e} = \frac{1}{2G}\dot{\sigma}_{d} + \frac{k}{3(1+e_0)p'}\dot{p}'\delta_{ij} \tag{6-2}$$

黏塑性应变速率则符合以下流动准则：

$$\dot{\varepsilon}_{ij}^{vp} = \mu \langle \varphi(F) \rangle \frac{\partial f_d}{\partial \sigma'_{ij}} \qquad (6\text{-}3)$$

或

$$\dot{\varepsilon}_{ij}^{vp} = S \frac{\partial f_d}{\partial \sigma'_{ij}} \qquad (6\text{-}4)$$

式中：μ 为黏性参数；$\langle\rangle$ 为 MacCauley 函数；f_d 为对应于当前应力的动应力面方程；$\varphi(F)$ 为计算超应力大小的标度函数，一般用动应力面和静屈服面的位置关系来确定。

至于 $\langle \varphi(F) \rangle$ 函数，不同学者所提出的方程不尽相同。如尹振宇在先期固结压力和加荷速率在双对数坐标下呈直线的试验结果的基础上，认为 $\langle \varphi(F) \rangle = \left(\dfrac{p_m^d}{p_m^r}\right)^{\beta}$；其中，$p_m^d$ 和 p_m^r 分别为动应力面和参考面的大小。在该式中，不论 $\dfrac{p_m^d}{p_m^r}$ 的大小，黏塑性应变总是存在的，即该模型没有纯弹性区域。

殷建华等在研究考虑初始各向异性香港黏土的三维弹黏塑性本构模型时，基于等时线的概念推导出该函数为

$$S = \gamma_0 \left(1 + \frac{\varepsilon_{vK_0}^r - \varepsilon_{vK_0}}{\varepsilon_{vK_0}^{vp}l}\right)^2 \exp\left(\frac{\varepsilon_{vK_0}^r - \varepsilon_{vK_0}}{1 + \dfrac{\varepsilon_{vK_0}^r - \varepsilon_{vK_0}}{\varepsilon_{vK_0}^{vp}l}} \frac{V}{\Psi_0}\right) \frac{1}{\left|\dfrac{2p' - p'_{k_0} + 2\alpha_{K_0}(q - \alpha_{K_0}p')}{M^2(\varphi', \theta) - \alpha_{K_0}^2}\right|} \qquad (6\text{-}5)$$

其中，$\varepsilon_{vK_0}^r = \varepsilon_{vK_{0,0}}^r + \dfrac{\lambda}{V}\ln\dfrac{p'_{k_0}}{p'_{k_{0,0}}}$。时间线的概念多位学者均有详细描述，在此不再详细说明。

为考虑各向异性特性，大多采用了 Wheeler 的研究成果，动应力面方程可写为一个带旋转角的椭圆方程式：

$$f_d = \frac{\frac{3}{2}(s_{ij} - p'\alpha_{ij}):(s_{ij} - p'\alpha_{ij})}{\left(M^2 - \frac{3}{2}\alpha_{ij}:\alpha_{ij}\right)p'} + p' - p_m^d = 0 \qquad (6\text{-}6)$$

式中：s_{ij} 为偏应力张量；α_{ij} 为描述旋转角的各向异性结构张量；M 为土的有效应力路径 $p'\text{-}q$ 坐标上的临界状态线（CSL）的斜率；p' 为平均有效应力；p_m^d 可由当前应力状态求得。

为了描述土体在不同 Lode 角 θ 方向上有不同的强度，不同学者提出了不同的计算方法。其中 Sheng et al. 用以下公式修正 M 值：

$$M = M_c\left[\frac{2c^4}{1 + c^4 + (1 - c^4)\sin 3\theta}\right]^{1/4} \qquad (6\text{-}7)$$

其中：$-\dfrac{\pi}{6} \leqslant \theta = \dfrac{1}{3}\sin^{-1}\left(\dfrac{-3\sqrt{3}\bar{J}_3}{2\bar{J}_2^{\frac{3}{2}}}\right) \leqslant \dfrac{\pi}{6}$，且 $c = M_e/M_c$，$\bar{J}_2 = \bar{s}_{ij}:\bar{s}_{ij}/2$，$\bar{J}_3 = \bar{s}_{ij}\bar{s}_{jk}\bar{s}_{ki}/3$，$\bar{s}_{ij} = \sigma_d - p'\alpha_d$。

Yin et al. 则认为

$$M(\varphi', \theta) = \frac{q_{\mathrm{f}}}{p_{\mathrm{f}}'} = \frac{3M\sqrt{b^2 - b + 1}}{bM + 3} = \frac{3M\sqrt{3 + 3\tan^2\theta}}{6 + M(1 + \sqrt{3}\tan\theta)} \quad (6\text{-}8)$$

其中,在三轴压缩试验中 $M = M_{\mathrm{c}}$,在三轴挤伸试验中 $M = M_{\mathrm{e}}$。

参考面同动应力面有着相同形式的方程但大小不同。参考面的硬化准则及旋转硬化的法则分别为

$$\mathrm{d}p_{\mathrm{m}}^{\mathrm{r}} = p_{\mathrm{m}}^{\mathrm{r}}\left(\frac{1 + e_0}{\lambda - K}\right)\mathrm{d}\varepsilon_{\mathrm{v}}^{\mathrm{vp}} \quad (6\text{-}9)$$

$$\mathrm{d}\alpha_{\mathrm{ij}} = w\left[\left(\frac{3s_{\mathrm{ij}}}{4p'} - \alpha_{\mathrm{ij}}\right)\langle\mathrm{d}\varepsilon_{\mathrm{v}}^{\mathrm{vp}}\rangle + w_d\left(\frac{s_{\mathrm{ij}}}{3p'} - \alpha_{\mathrm{ij}}\right)\mathrm{d}\varepsilon_{\mathrm{v}}^{\mathrm{vp}}\right] \quad (6\text{-}10)$$

式中:w 可以控制椭圆面的旋转速度;w_d 可控制黏塑性偏应变相对于黏塑性体应变对椭圆面旋转的相对效应。

此外,Yin et al. 所建立的三维 EVP 模型可以同时考虑正常固结土和超固结土。

6.2.2　经验模型

土体强度及变形规律受多种因素影响,如材料组成、应力历史、各向异性及固结时间等。基于弹黏塑性的本构模型,应尽可能地抓住其中的主要因素或主要矛盾来建立应力与应变之间的相关关系。经验型模型是根据土体特定的试验结果总结出的能反映其该状态下的应力-应变关系的一种模型。在实际工程条件下,试验条件各不相同,从而导致其会产生不同的经验公式(如邓肯-张模型),但其公式形式简单,参数较少,在实际工程应用中较为广泛。

以土体时间效应研究较多的蠕变为例,多位学者对其建立了相关的经验蠕变公式。在三轴应力条件下,经典的蠕变模型有 Singh-Mitchell 模型及 Mersi 模型等。上述经验蠕变模型均得到了较好的发展和应用。

土体卸荷路径下的本构关系研究表明,其应力-应变关系曲线多呈应变硬化型,可以用双曲线函数进行很好的拟合。基于 Kondner 的工作,邓肯-张提出了双曲线函数来模拟土体的非线性特性。Vaid 则将该模型进行改进,从而可以考虑土体 K_0 固结状态下的力学行为,并且得到了增量的偏应力与应变的关系。

$$\delta\sigma_{\mathrm{d}} = \frac{\varepsilon}{\dfrac{1}{E_{\mathrm{i}}} + \dfrac{R_{\mathrm{f}}\varepsilon}{\delta\sigma_{\mathrm{df}}}} \quad (6\text{-}11)$$

国内学者也对卸荷路径下土体的本构关系进行了研究。刘国彬、侯学渊等在上海地区 3 种典型软土的多种应力路径下的应力-应变试验研究的基础上,发现了卸荷应力-应变关系曲线的双曲线特性。王钊等开展了粉质黏土加、卸载排水三轴对比试验,发现其卸荷试验所得应力-应变关系呈双曲线型。梅国雄等利用平面应变仪进行土体侧向卸荷的相关试验,得出了侧向卸荷土体的侧向应力-应变呈双曲线关系,并且基于邓肯-张模型推导出符合侧向卸荷的路径的应力-应变关系,其预测结果与试验结果较吻合。陈善雄等在对两种卸荷路径下的粉质黏土的排水三轴试验研究的基础上,也发现其应力-应变关系呈近似双曲线型。李蓓、赵锡宏等在损伤力学的基础上,结合卸荷应力路径下的相关

试验,给出了能够考虑损伤效应的非线性弹性应力-应变关系。Hsieh 则基于邓肯-张开发出能够考虑小应变模量及加卸荷准则的软黏土不排水模型(USC 模型),并在基坑开挖等工程中得到了很好的验证。同时李广信也指出了在扩展邓肯-张模型应用范围的理论基础及常见错误。

从以上研究成果来看,邓肯-张及其扩展模型可以较好地反映卸荷路径下应力-应变相关关系,并得到了试验验证,这也为本章考虑应力速率的改进邓肯-张模型提供了思路。

6.3　邓肯-张模型及其扩展

6.3.1　等压固结双曲线模型

Kondner 在 1963 年时提出了双曲线模型可以较好地反映各向同性固结土体三轴压缩条件下的非线性应力-应变关系,其关系式为

$$\sigma_1 - \sigma_3 = \frac{\varepsilon}{a + b\varepsilon} \tag{6-12}$$

式中:σ_1 为大主应力;σ_3 为小主应力;ε 为轴向应变(大主应力方向);a、b 为常数,由试验获得,且有明确的物理意义。

如图 6-1 所示,a 的倒数为初始切线模量,b 的倒数为强度的极限值,即

$$a = \frac{1}{E_i}, b = \frac{1}{(\sigma_1 - \sigma_3)_{ult}} \tag{6-13}$$

式中:E_i 为初始切线模量;$(\sigma_1 - \sigma_3)_{ult}$ 为强度的极限值。

一般情况下,由于试验中应变量有限,极限强度均大于试验所得剪切强度。为建立实测强度与理论极限强度的相关关系,邓肯等提出利用参数 R_f 来进行表示:

$$R_f = \frac{\text{破坏时的强度}}{\text{强度极限值}} = \frac{(\sigma_1 - \sigma_3)_f}{(\sigma_1 - \sigma_3)_{ult}} \tag{6-14}$$

所以,双曲线函数可以表示为

$$\sigma_1 - \sigma_3 = \frac{\varepsilon}{\dfrac{1}{E_i} + \dfrac{R_f \varepsilon}{S_u}} \tag{6-15}$$

式中:S_u 为常规三轴剪切强度;R_f 一般在 0.75~1.0,且基本与围压相独立。

6.3.2　参数的确定

模型参数的确定可以通过室内三轴试验进行。试验所得应力-应变曲线为双曲线函数,其写为如下形式:

$$\frac{\varepsilon}{\sigma_1 - \sigma_3} = \frac{\varepsilon}{(\sigma_1 - \sigma_3)_{ult}} + \frac{1}{E_i} \tag{6-16}$$

从图 6-2 可以看出,$\dfrac{\varepsilon}{\sigma_1 - \sigma_3}$ 与 ε 呈直线关系。为获得最佳的双曲线拟合公式,可将

试验结果整理为 $\dfrac{\varepsilon}{\sigma_1-\sigma_3}$ 与 ε 的相关关系。平面中的 $\dfrac{\varepsilon}{\sigma_1-\sigma_3}$ 与 ε 的最佳拟合公式即为最佳的双曲线拟合公式。

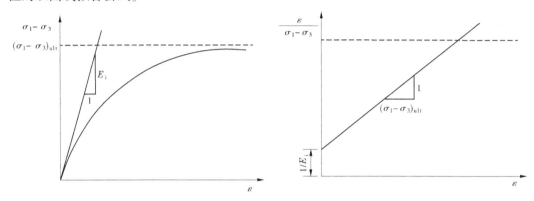

图 6-1　双曲线模型示意图　　　　　图 6-2　转换后的应力-应变关系

在 $\dfrac{\varepsilon}{\sigma_1-\sigma_3}$ 与 ε 的关系图中,初始切线模量是其截距的倒数,极限强度是其直线斜率的倒数。R_f 为等压固结压缩强度与直线斜率的乘积。

从式(6-16)还可得到杨氏模量 E 与偏应力 q 的关系:

$$E = E_i \left(1 - R_f \frac{q}{q_f} \right)^2 \tag{6-17}$$

6.3.3　K_0 固结双曲线模型的建立

K_0 固结状态下土体的力学特性与等压固结有很大不同。当 K_0 固结完成时,其初始偏应力 q 不为 0,而等压固结的偏应力则为 0,其中 $K_0 > 1$ 时的双曲线模型如图 6-3 所示。

鉴于此,多位学者均建议在非线性模型中加入初始偏应力的影响,其公式为

$$q_m = q - q_0 = \frac{\varepsilon}{\dfrac{1}{E_i} + \dfrac{R_f \varepsilon}{S_u}} \tag{6-18}$$

式中: $\dfrac{R_f}{S_u}$ 分别对应的是压缩状态和挤伸状态下的极限偏应力; q 代表 $(\sigma_a - \sigma_r)$,σ_a 为轴向应力,σ_r 为径向应力(围压);其他符号意义同前。

对于压缩段:

$$q_m = q - q_0 = \frac{\varepsilon}{\dfrac{1}{E_i} + \dfrac{\varepsilon}{(q_{ult})_C}} \tag{6-19}$$

对于挤伸段:

$$q_m = q_0 - q = \frac{\varepsilon}{\dfrac{1}{E_i} + \dfrac{\varepsilon}{(q_{ult})_E}} \tag{6-20}$$

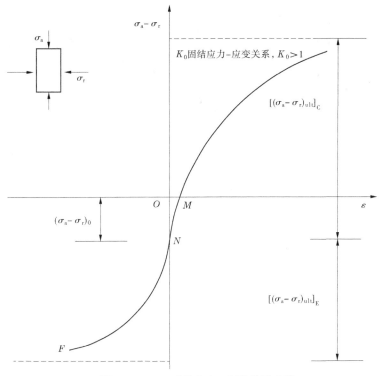

图 6-3 $K_0 > 1$ 时的应力-应变关系曲线

静止土压力系数用 K 表示，$K = \dfrac{\sigma_r}{\sigma_a}$，如前所述，本书中 q 均代表 $(\sigma_a - \sigma_r)$，故式(6-19)、式(6-20)还可写为

$$q_m = q - q_0 = q - (1 - K)\sigma_a \tag{6-21}$$

或

$$q_m = q - q_0 = q - \left(\frac{1}{K} - 1\right)\sigma_r \tag{6-22}$$

故当 $\varepsilon = 0$ 时，$q = q_0 = (1 - K)\sigma_a = \left(\dfrac{1}{K} - 1\right)\sigma_r$；$K = 1$ 时，即为等压固结，此时 $q_0 = 0$，即此公式可描述不同固结比情况下的土体的应力-应变关系。在归参数求取时，建立 $\dfrac{\varepsilon}{q_m}$ 与 ε 之间的相关关系即可。

加荷速率对土体的应力-应变关系曲线也有一定的影响。Vaid et al. 对不同加荷速率下的三轴剪切试验结果进行了转化，从而获得了 ε/q-ε 关系图(见图 6-4)。可以看出，各应变速率下的 ε/q-ε 呈直线关系，直线斜率随速率的变化而变化，单调变化规律良好，从而可以预测考虑速率后的双曲线模型如图 6-5 所示。

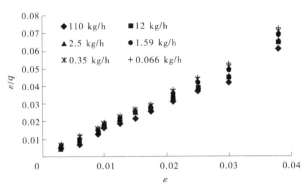

图 6-4　不同应力速率下的 $\varepsilon/q-\varepsilon$ 关系图(Vaid et al.)

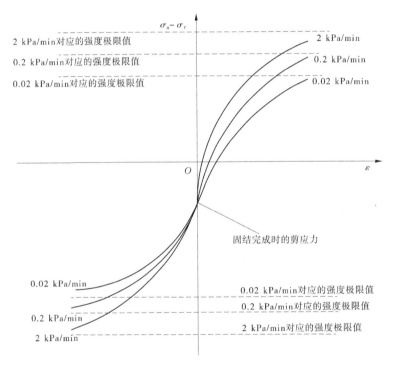

图 6-5　考虑初始剪应力和剪切速率的双曲线示意图

　　双曲线函数参数较少,且物理意义明确,故可以通过建立应力速率与双曲线函数中的参数 a 与 b 的相关关系,以此来考虑卸荷路径下应力速率对于土体力学特性的影响,这也是本章着重解决的问题。但由于不同路径下所获得的参数不同,以一个公式获得多种路径下的应力-应变关系对于改进邓肯-张模型难度较大。实际工程中所遇到的应力路径可仅考虑其主要路径,故本书给出符合某一应力路径的考虑应力速率的非线性应力-应变关系式。

6.4　考虑卸荷速率的双曲线模型

6.4.1　等压固结压缩路径

获得邓肯–张双曲线模型的关键在于确定双曲线函数中的参数 a 和 b，而 a 与 b 分别代表力学参数切线模量和极限偏应力。若应力速率对初始切线模量和极限偏应力的影响规律确定，即可用数学方程对其进行表述，从而获得能够考虑应力速率的改进邓肯–张模型。

等压固结三轴不排水剪切试验所得结果如图 6-6 所示，其 $\dfrac{\varepsilon}{\sigma_{\mathrm{a}}-\sigma_{\mathrm{r}}}$ 与 ε 具有良好的直线特征。

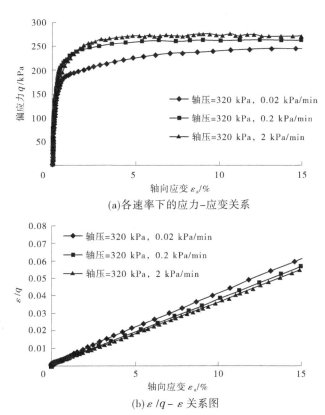

(a)各速率下的应力–应变关系

(b)$\varepsilon/q - \varepsilon$ 关系图

图 6-6　各速率下的应力–应变关系

对于双曲线模型中的参数 a 和 b，可以利用下面的公式求取：

$$\frac{\varepsilon}{\sigma_{\mathrm{a}}-\sigma_{\mathrm{r}}} = a + b\varepsilon \tag{6-23}$$

其中，$a = \dfrac{1}{E_{\mathrm{i}}}$，$b = \dfrac{1}{(\sigma_{\mathrm{a}}-\sigma_{\mathrm{r}})_{\mathrm{ult}}}$。

由于上述直线公式截距较小,实际操作过程中易产生误差。故在数据处理软件 ORIGIN 7.0 中通过双曲线拟合公式进行了各卸荷速率及固结应力下的拟合,最终获得了不同速率及围压下的反映其切线模量及极限强度的参数 a 和 b,具体见表 6-1。

表 6-1　被动压缩路径下的参数 a 与 b

固结应力/ kPa	0.02 kPa/min		0.2 kPa/min		2 kPa/min	
	a	b	a	b	a	b
80	1.64×10^{-5}	1.28×10^{-2}	1.43×10^{-5}	1.15×10^{-2}	1.07×10^{-5}	1.04×10^{-2}
160	1.12×10^{-5}	7.54×10^{-3}	9.36×10^{-6}	7.12×10^{-3}	7.52×10^{-6}	6.94×10^{-3}
240	8.89×10^{-6}	5.15×10^{-3}	6.61×10^{-6}	4.79×10^{-3}	5.40×10^{-6}	4.52×10^{-3}
320	6.04×10^{-6}	4.14×10^{-3}	5.00×10^{-6}	3.81×10^{-3}	3.77×10^{-6}	3.61×10^{-3}

图 6-7 为各卸荷速率下初始切线模量与轴向固结应力的相关关系。可以看出,其初始切线模量 E_i 与轴向固结应力呈指数关系,其 R^2 均大于 0.98,相关性较好,基本关系式为

$$E_i = \alpha e^{\beta \sigma_a} \tag{6-24}$$

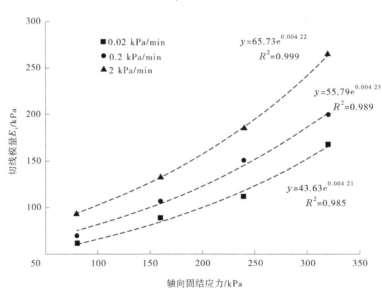

图 6-7　各卸荷速率下初始切线模量与轴向固结应力的相关关系

其中,参数 α、β 为拟合参数,如表 6-2 所示。遗憾的是,初始切线模量与轴向固结力的相关关系与邓肯-张模型中的经验表达式 $\left[E_i = K p_a \left(\dfrac{\sigma_3}{p_a} \right)^n \right]$ 并不一致。可以发现其系数 α 随着卸荷速率的增加而增大,而指数值 β 与速率基本无关。参数 α 与应力速率的相关关系见图 6-8,可以发现参数 α 与对数坐标下的应力速率基本呈直线关系。由此可获得切线模量 E_i 与应力速率的相关关系如下:

$$E_i = (10.730\ 0 \ln v + 62.931\ 6) e^{0.004\ 25 \sigma_a} \tag{6-25}$$

式中:v 为应力速率,kPa/min;σ_a 为初始固结轴压,kPa。

表 6-2　被动压缩路径等压固结下的各拟合参数

剪切路径	K_0	速率/(kPa/min)	α	β	m	n
被动压缩	1	0.02	43.63	0.004 21	0.690	23.44
		0.2	55.79	0.004 23	0.743	25.91
		2	65.73	0.004 22	0.774	29.76

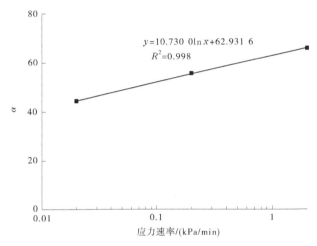

图 6-8　参数 α 与应力速率的相关关系

以上为初始切线模量 E_i 与应力速率的相关关系,同样的思路,可以获得极限剪切强度与应力速率及初始固结轴压的相关关系。从图 6-9 中可以看出,各应力速率下的极限剪切强度与初始固结轴压呈直线关系,符合摩尔库伦公式,用公式 $q_{ult} = m\sigma_a + n$ 表示;其斜率 m 和截距 n 的变化与各应力速率的关系有一定的规律性(见表 6-2)。

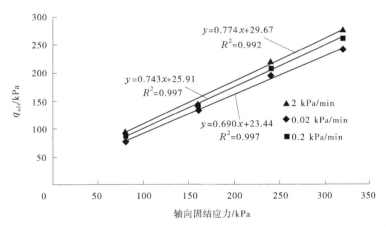

图 6-9　极限剪切强度 q_{ult}-初始轴向固结应力的相关关系

　　参数 m 及 n 与应力速率的相关关系如图 6-10 和图 6-11 所示,从中可以看出, m 及 n 与对数坐标下的应力速率基本呈直线关系。由此可以获得极限剪切强度 q_{ult} 与初始固结轴压及应力速率的相关关系:

$$q_{ult} = (0.042\ln v + 0.765)\sigma_a + (3.115\ln v + 26.517\ 3) \tag{6-26}$$

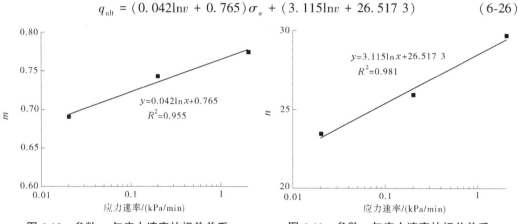

图 6-10　参数 m 与应力速率的相关关系　　　图 6-11　参数 n 与应力速率的相关关系

　　至此,可以获得初始切线模量 E_i 与极限剪切强度 q_{ult}、应力速率及初始固结轴压的相关关系,即改进后的被动压缩路径下的邓肯-张本构模型为

$$q_m = q - q_0 =$$

$$\cfrac{\varepsilon}{\cfrac{1}{(10.73\ln v + 62.931\ 6)\mathrm{e}^{0.004\ 25\sigma_a}} + \cfrac{\varepsilon}{(0.042\ln v + 0.765)\sigma_a + (3.115\ln v + 26.517\ 3)}}$$

$$\tag{6-27}$$

式中: $q_0 = 0$; σ_a 为初始固结轴向应力; v 为应力速率; ε 为应变;单位同前。

6.4.2　等压固结挤伸路径

　　被动挤伸路径下,膨胀土的 $\dfrac{\varepsilon}{\sigma_a - \sigma_r}$ 与 ε 具有良好直线关系(见图 6-12),表明膨胀土的应力-应变关系可以用双曲线方程进行表示。同理,根据上述思路及第 2 章所得应力-应变关系曲线,可以获得等压固结状态挤伸路径下的初始切线模量与极限剪切强度、应力速率及初始固结应力的相关关系。通过 ORIGIN 拟合所得各应力速率和固结应力下的初始切线模量及极限剪切强度参数 a 与 b 如表 6-3 所示。

　　在被动挤伸路径下,初始切线模量与初始固结应力图中用指数函数进行拟合(见图 6-13)。其基本公式同式(6-24),其中 α 与 β 见表 6-4,其与对数坐标下的应力速率的关系如图 6-14 所示。可以看出, α 与对数坐标下的应力速率呈直线关系,相关度达 0.97 以上,具体表达式如图 6-14 中所示; β 则基本不变(0.002 46)。由此可以获得切线模量与应力速率的相关关系:

$$E_i = (0.909\ 2\ln v + 30.297\ 0)\mathrm{e}^{0.002\ 46\sigma_a} \tag{6-28}$$

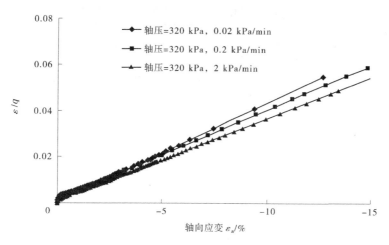

图 6-12 被动挤伸路径下的 ε/q-ε_a 关系

表 6-3 被动挤伸路径下的参数 a 与 b

固结应力/kPa	0.02 kPa/min		0.2 kPa/min		2 kPa/min	
	a	b	a	b	a	b
160	$2.47×10^{-5}$	$6.51×10^{-3}$	$2.26×10^{-5}$	$6.13×10^{-3}$	$2.14×10^{-5}$	$5.76×10^{-3}$
240	$2.12×10^{-5}$	$4.67×10^{-3}$	$1.99×10^{-5}$	$4.44×10^{-3}$	$1.91×10^{-5}$	$4.08×10^{-3}$
320	$1.71×10^{-5}$	$4.10×10^{-3}$	$1.60×10^{-5}$	$3.83×10^{-3}$	$1.45×10^{-5}$	$3.54×10^{-3}$

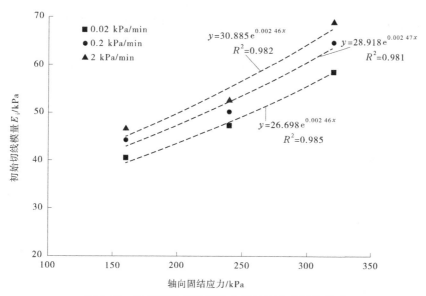

图 6-13 初始切线模量与轴向固结应力的相关关系

表6-4　被动挤伸路径等压固结下的各拟合参数

剪切路径	K_0	速率/(kPa/min)	α	β	m	n
被动挤伸	1	0.02	26.698	0.002 46	0.564	68.47
		0.2	28.918	0.002 47	0.611	69.70
		2	30.885	0.002 46	0.680	70.42

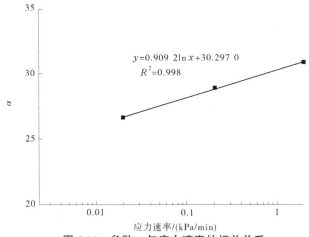

图6-14　参数 α 与应力速率的相关关系

同初始切线模量 E_i 与初始固结应力的相关关系类似,极限剪切强度 q_{ult} 与初始轴向固结应力的相关关系如图6-15所示,其拟合公式也用直线进行拟合,拟合公式如图6-15所示,一般表达式为 $q_{ult} = m\sigma_a + n$。从表6-4可以看出,该拟合公式中的 n 基本保持不变,仅 m 随应力速率的增加而减小。参数 m 与应力速率的相关关系如图6-16所示。

故可以得到极限剪切强度与应力速率的关系式:

$$q_{ult} = (0.025\ 19\ln v + 0.657\ 9)\sigma_a + 69.53 \tag{6-29}$$

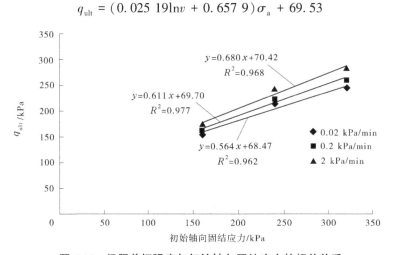

图6-15　极限剪切强度与初始轴向固结应力的相关关系

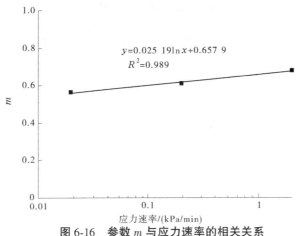

图 6-16　参数 m 与应力速率的相关关系

在切线模量与应力速率关系的基础上,可以得到应力-应变关系式:

$$q_m = q_0 - q = \cfrac{\varepsilon}{\cfrac{1}{(0.909\,2\ln v + 30.297\,0)\mathrm{e}^{0.002\,46\sigma_a}} + \cfrac{\varepsilon}{(0.025\,19\ln v + 0.657\,9)\sigma_a + 69.53}}$$

$$(6\text{-}30)$$

式中: $q_0 = 0$,其余参数意义同前。

6.4.3　K_0 固结压缩路径

在 K_0 固结状态,由于初始固结时其有一定的偏应力存在,且在剪切过程中存在主应力旋转,其 $\dfrac{\varepsilon}{\sigma_a - \sigma_r} - \varepsilon$ 在剪切初期并非呈直线发展,按照 6.1 节中的理论介绍,其

$\dfrac{\varepsilon}{(\sigma_a - \sigma_r) + q_0} - \varepsilon$ 呈直线关系,在初始固结轴压为 320 kPa 时,q_0 为 160 kPa,故图 6-17

中的纵坐标为 $\dfrac{\varepsilon}{q + 160}$。表 6-5 为被动压缩路径下的参数 a 与 b。

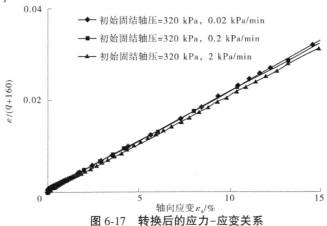

图 6-17　转换后的应力-应变关系

表 6-5 被动压缩路径下的参数 a 与 b

固结应力/kPa	0.02 kPa/min		0.2 kPa/min		2 kPa/min	
	a	b	a	b	a	b
80	1.10×10^{-5}	7.64×10^{-3}	9.60×10^{-6}	7.30×10^{-3}	7.70×10^{-6}	7.12×10^{-3}
160	9.12×10^{-6}	4.27×10^{-3}	8.09×10^{-6}	3.95×10^{-3}	6.21×10^{-6}	3.68×10^{-3}
240	7.10×10^{-6}	2.99×10^{-3}	6.06×10^{-6}	2.79×10^{-3}	4.52×10^{-6}	2.74×10^{-3}
320	4.48×10^{-6}	2.19×10^{-3}	3.98×10^{-6}	2.13×10^{-3}	3.02×10^{-6}	2.05×10^{-3}

各应力速率下初始切线模量 E_i 与初始轴向固结应力的相关关系如图 6-18 所示。从图 6-18 中可以看出,初始切线模量与初始轴向固结应力呈指数关系,基本关系式同式(6-24),相关关系均在 0.94 以上。参数 α 与 β 见表 6-6,其中 β 随应力速率的改变基本保持改变,α 与应力速率的关系如图 6-19 所示。

最后,可以得到初始切线模量 E_i 的公式为

$$E_i = (5.861 \ln v + 79.737) e^{0.004\,14\sigma_a} \tag{6-31}$$

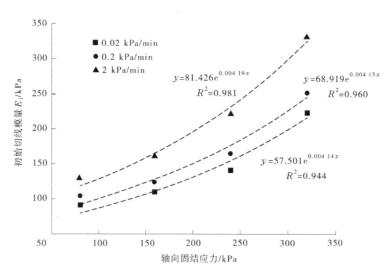

图 6-18 初始切线模量与初始轴向固结应力的相关关系

表 6-6 被动压缩路径 K_0 固结下的各拟合参数

剪切路径	K_0	速率/(kPa/min)	α	β	m	n
被动压缩	1.5	0.02	57.501	0.004 14	0.843	20.13
		0.2	68.919	0.004 15	0.880	28.62
		2	81.426	0.004 19	0.919	32.41

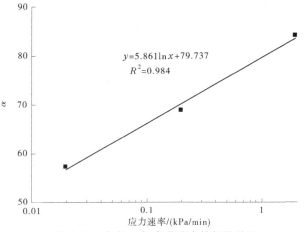

图 6-19　参数 α 与应力速率的相关关系

同理,根据极限剪切强度 q_{ult} 与初始固结应力及应力速率的关系图(见图 6-20 ~ 图 6-22)可以得到,极限剪切强度的公式为

$$q_{ult} = (0.016\ 5\ln v + 1.407\ 2)\sigma_a + (2.667\ln v + 31.345) \tag{6-32}$$

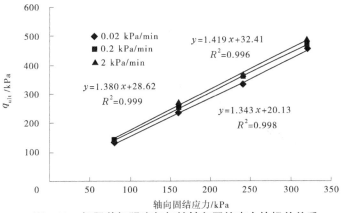

图 6-20　极限剪切强度与初始轴向固结应力的相关关系

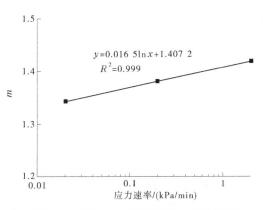

图 6-21　参数 m 与应力速率的相关关系

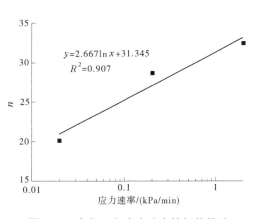

图 6-22　参数 n 与应力速率的相关关系

从而可以得到 K_0 固结下的考虑应力速率的双曲线方程：

$$q_m = q - q_0 = \cfrac{\varepsilon}{\cfrac{1}{5.861\ln v + 79.737e^{0.004\,14\sigma_a}} + \cfrac{\varepsilon}{(0.016\,5\ln v + 1.407\,2)\sigma_a + (2.667\ln v + 31.345)}}$$

(6-33)

式中：$q_0 = \sigma_a/2$；其余参数意义同前。

6.4.4 K_0 固结挤伸路径

与 K_0 固结下的被动压缩路径类似，被动挤伸路径下的 K_0 固结同样在固结完成时就有一定的剪应力，故需对原始邓肯-张双曲线函数进行改进，改进后的 $\dfrac{\varepsilon}{(\sigma_a - \sigma_r) + q_0} - \varepsilon$ 如图 6-23 所示，其中初始轴向固结应力为 320 kPa 时，q_0 为 160 kPa。可以看出，改进后其基本呈直线关系，双曲线模型参数 a 与 b 见表 6-7。

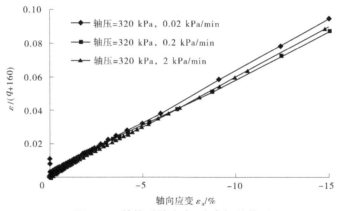

图 6-23 转换后的应力-应变相关关系

表 6-7 被动挤伸路径下的参数 a 与 b

固结应力/kPa	0.02 kPa/min		0.2 kPa/min		2 kPa/min	
	a	b	a	b	a	b
80	3.35×10^{-5}	1.38×10^{-2}	2.82×10^{-5}	1.17×10^{-2}	2.26×10^{-5}	1.12×10^{-2}
160	2.74×10^{-5}	9.76×10^{-3}	2.17×10^{-5}	8.97×10^{-3}	1.56×10^{-5}	8.28×10^{-3}
240	2.12×10^{-5}	6.81×10^{-3}	1.68×10^{-5}	6.14×10^{-3}	1.31×10^{-5}	5.77×10^{-3}
320	1.56×10^{-5}	6.26×10^{-3}	1.31×10^{-5}	5.51×10^{-3}	1.03×10^{-5}	5.24×10^{-3}

由 ORIGIN7.0 拟合所得初始切线模量与极限偏应力，基本思路同前述，可得初始切线模量 E_i 与应力速率及初始轴向固结应力的关系式（见图 6-24）如下：

$$E_i = (2.901\,4\ln v + 32.871\,13)e^{0.003\,23\sigma_a}$$

(6-34)

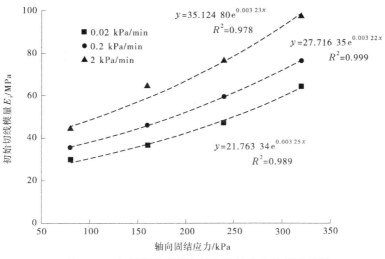

图 6-24　初始切线模量与轴向固结应力的相关关系

表 6-8 为被动挤伸路径等压固结下的各拟合参数。

表 6-8　被动挤伸路径等压固结下的各拟合参数

剪切路径	K_0	速率/(kPa/min)	α	β	m	n
被动挤伸	1.5	0.02	21.763 34	0.003 25	0.882	43.82
		0.2	27.716 35	0.003 22	0.924	50.46
		2	35.124 80	0.003 23	0.947	53.95

同理根据极限剪切强度 q_{ult} 与初始固结应力及应力速率的关系如图 6-25~图 6-28,可以得到,极限剪切强度的公式为

$$q_{ult} = (0.014\,11\ln v + 0.440\,38)\sigma_a + (2.199\,7\ln v + 52.950\,3) \tag{6-35}$$

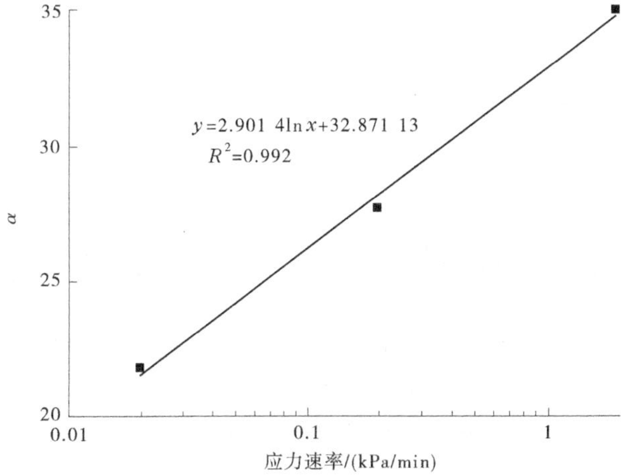

图 6-25　参数 α 与应力速率的相关关系

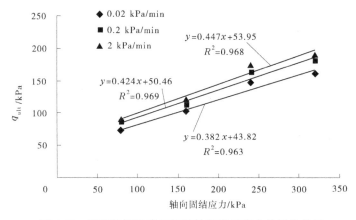

图 6-26　极限剪切强度与初始轴向固结应力的相关关系

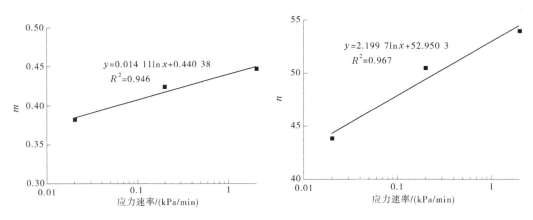

图 6-27　参数 m 与应力速率的相关关系　　　　图 6-28　参数 n 与应力速率的相关关系

从而可以得到 K_0 固结下的考虑应力速率的双曲线方程:

$$q_{\mathrm{m}} = q_0 - q =$$

$$\dfrac{\varepsilon}{\dfrac{1}{(2.901\,4\ln v + 32.871\,13)\mathrm{e}^{0.003\,23\sigma_{\mathrm{a}}}} + \dfrac{\varepsilon}{(0.014\,11\ln v + 0.440\,38)\sigma_{\mathrm{a}} + (2.199\,7\ln v + 52.950\,3)}}$$

$$(6\text{-}36)$$

式中:$q_0 = \sigma_{\mathrm{a}}/2$,其余参数意义同前。

6.5　卸荷路径下土体的切线模量

由于土体的变形特性较为复杂,在土体变形的计算过程中需根据实际情况选取合理的模型参数。邓肯-张双曲线模型是基于常规三轴加荷试验获得的,但在边坡开挖过程中土体经历卸荷路径,利用加荷路径下的参数获取卸荷路径下的变形及安全系数等会产生一定的误差甚至错误。

有学者对不同应力路径下的土体切线模量的推导,就被动压缩路径(轴压不变、围压减小)和被动挤伸路径(围压不变、轴压减小)下的膨胀土切线模量公式进行推导。

6.5.1　被动压缩路径

被动压缩路径为在三轴剪切过程中,轴向应力保持不变,围压不断减小。

与邓肯-张模型的思路类似,假设土体是各向同性体,根据增量的广义胡克定律,应力-应变关系有如下关系:

$$E = \frac{\Delta\sigma_a(\Delta\sigma_a + \Delta\sigma_r) - 2\Delta\sigma_r^2}{\Delta\varepsilon_a(\Delta\sigma_a + \Delta\sigma_r) - 2\Delta\varepsilon_r\Delta\sigma_r} \tag{6-37}$$

式中:$\Delta\sigma_a$ 为轴向应力增量;$\Delta\sigma_r$ 为侧向应力增量;$\Delta\varepsilon_a$ 为轴向应变增量;$\Delta\varepsilon_r$ 为侧向应变增量;E 为弹性模量。

当轴向应力增量 $\Delta\sigma_a = 0$,侧向应力增量 $\Delta\sigma_r \neq 0$ 时,应力-应变关系为

$$E = \frac{-2\Delta\sigma_r}{\Delta\varepsilon_a - 2\Delta\varepsilon_r} = \frac{\partial[2(\sigma_a - \sigma_r)]}{\partial(\varepsilon_a - 2\varepsilon_r)} \tag{6-38}$$

参照前文中切线模量的推导过程,土体侧向卸荷时的初始切线模量为

$$E_i = \alpha e^{\beta\sigma_a} \tag{6-39}$$

由第 3 章可知,在被动压缩路径下,土体的强度准则依然符合摩尔-库伦准则:

$$\left(\frac{\sigma_1 - \sigma_3}{2}\right)_f = \left(\frac{\sigma_1 + \sigma_3}{2}\right)_f \sin\varphi + c\cos\varphi \tag{6-40}$$

所以,侧向卸荷时其破坏强度为

$$(\sigma_a - \sigma_r)_f = \frac{2c\cos\varphi + 2\sigma_a\sin\varphi}{1 + \sin\varphi} \tag{6-41}$$

由 $\sigma_r/\sigma_a = K_0$,故被动压缩路径下的曲线模量为

$$\begin{aligned} E_t &= E_i\left[1 - R_f \times \frac{(K_0\sigma_a - \sigma_r)(1 + \sin\varphi)}{2c\cos\varphi + 2\sigma_a\sin\varphi - (1 - K_0)(1 + \sin\varphi)\sigma_a}\right]^2 \\ &= E_i\left[1 - \frac{2c\cos\varphi + 2\sigma_a\sin\varphi}{(1 + \sin\varphi)q_{ult}} \times \frac{(K_0\sigma_a - \sigma_r)(1 + \sin\varphi)}{2c\cos\varphi + 2\sigma_a\sin\varphi - (1 - K_0)(1 + \sin\varphi)\sigma_a}\right]^2 \end{aligned} \tag{6-42}$$

6.5.2　被动挤伸路径

被动挤伸路径为剪切过程中,始终保持围压不变,轴压以一定速率减小,试样破坏时 $\sigma_a < \sigma_r$。

同样,假设土体各向同性,根据增量广义胡克定律,当轴向应力增量 $\Delta\sigma_a \neq 0$,侧向应力增量 $\Delta\sigma_r = 0$ 时,应力-应变关系为

$$E = \frac{\Delta\sigma_a}{\Delta\varepsilon_a} = \frac{\partial(\sigma_a - \sigma_r)}{\partial\varepsilon_a} \tag{6-43}$$

由第 3 章可知,在被动挤伸路径下,土体的强度准则依然符合摩尔-库伦准则,所以侧向卸荷时其破坏强度为

$$(\sigma_a - \sigma_r)_f = -\frac{2c\cos\varphi + 2\sigma_r\sin\varphi}{1 + \sin\varphi} \tag{6-44}$$

由 $\sigma_r/\sigma_a = K_0$，参照邓肯–张模型中切线模量的求取过程，被动挤伸路径下的曲线模量为

$$E_t = E_i\left[1 + R_f \times \frac{\left(\sigma_a - \dfrac{\sigma_r}{K_0}\right)(1+\sin\varphi)}{2c\cos\varphi + 2\sigma_r\sin\varphi - \left(\dfrac{1}{K_0} - 1\right)(1+\sin\varphi)\sigma_r}\right]^2$$

$$= E_i\left[1 + \frac{2c\cos\varphi + 2\sigma_r\sin\varphi}{(1+\sin\varphi)q_{ult}} \times \frac{\left(\sigma_a - \dfrac{\sigma_r}{K_0}\right)(1+\sin\varphi)}{2c\cos\varphi + 2\sigma_r\sin\varphi - \left(\dfrac{1}{K_0} - 1\right)(1+\sin\varphi)\sigma_r}\right]^2$$

$$(6\text{-}45)$$

6.6　经验型模型的验证

一般地，邓肯–张模型需要 8 个参数，分别为确定切线模量的 K、n、R_f、c、φ 五个参数及确定泊松比的 G、F 和 D 三个参数。而改进的双曲线模型中确定切线模量的参数分别为 R_f、c、φ、K_0、α、β 六个参数，其中 c 与 φ 为试验所得参数，见第 2 章；α 和 β 为拟合参数；R_f 取 0.95。在不排水剪切中泊松比保持不变，取 $\nu = 0.49$。

式(6-25)、式(6-28)、式(6-31)、式(6-34)是在第 2 章试验结果的基础上所获得的经验型模型，现将其对轴向固结应力为 320 kPa，应力速率分别为 0.02 kPa/min、0.2 kPa/min 和 2 kPa/min 时挤伸剪切路径下的应力–应变关系进行验证，根据上述公式获得双曲线参数中的 a 与 b，拟合效果如图 6-29 所示。可以看出，其拟合效果较好，相关系数均在 0.98 以上，这也说明利用上述模型进行一定条件下的考虑应力速率的不排水剪切试验结果的预测是可行的。

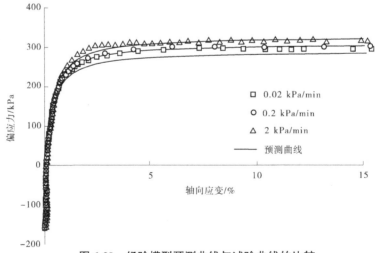

图 6-29　经验模型预测曲线与试验曲线的比较

6.7　小　结

在分析总结时间相关本构模型的基础上,认为经验型模型参数较少,且各参数的物理意义明确。在分析邓肯-张双曲线模型的基础上,从理论上进行了考虑初始偏应力的改进邓肯-张模型的推导。基于等压固结和 K_0 固结三轴不排水剪切试验结果,通过拟合试验曲线得到了模型参数与初始固结应力及应力速率的相关关系,得到了符合各自固结方式及剪切路径的改进邓肯-张应力-应变关系式,推导了被动压缩路径和被动挤伸路径下的切线模量公式,并对该经验模型进行了验证。

第 7 章 超固结膨胀土堑坡稳定性分析

7.1 引 言

在膨胀土边坡开挖过程中,超固结性的影响不容忽视。毋庸置疑,对一般坡度较缓的膨胀土边坡及自然环境中存在的膨胀土斜坡而言,影响其长期稳定性的主要因素是气候的交替变化。但对于较陡的开挖边坡而言,在没有剧烈天气变化的情况下,应力释放对其稳定性的影响仍是不可忽视的一个重要因素。在边坡开挖工程中,土体在卸荷作用影响下的力学响应会较加荷时有很大不同,不同卸荷速率下膨胀土的力学响应也不尽相同。同时,膨胀土"三性"之一的超固结性会使其卸荷效应得到放大,这一特性在室内试验或现场测试均有所反映。但受限于试验设备与经费等影响,膨胀土开挖边坡的力学响应(变形等)仅通过现场测试的手段耗费巨大,且由于现场影响因素多,有时难以获得可靠的数据。随着计算机的发展,多种数值计算方法在岩土工程中得到了广泛的应用,数值计算分析已经成为岩土工程领域不可或缺的工具。近几年发展起来的快速拉格朗日差分法(Fast Lagrangian Analysis of Continua,FLAC)较好地吸收了其他数值计算方法的优点,能够较好地适应于大变形问题(如滑坡等)的求解,已广泛应用于岩土工程、水利工程等领域。

因此,在第 2 章考虑卸荷速率及卸荷路径下膨胀土力学特性的试验结果及第 6 章改进邓肯-张模型的基础上,通过对 FLAC 程序进行二次开发,研究不同卸荷速率影响下等压固结和 K_0 超固结下膨胀土边坡的响应,探讨固结状态及卸荷速率对膨胀土边坡稳定性的影响及其灾变机制。

7.2 有限差分程序 FLAC 的基本原理

FLAC 是快速拉格朗日差分法的简写,来源于流体力学,适用于求解非线性大变形问题。目前,其已广泛应用于模拟土体、岩石和其他材料的力学特性。材料通过单元和区域的形式表示,每个单元均根据事先与应力和边界条件所对应的应力、应变法则进行模拟分析,网格在大应变下会随其所代表的材料发生变形和移动。

FLAC3D 本身带有较多的本构模型,如弹性模型、摩尔-库伦模型、德鲁克-普拉格模型、应变硬化-软化模型及修正剑桥模型等 11 种。但国内岩土工程计算中普遍应用的邓肯-张模型并未在 FLAC3D 中得以实现,这也使得其应用范围得到了一定的限制。FLAC3D 提供了二次开发平台,用 FISH 语言可以实现在邓肯-张模型在 FLAC3D 软件中的开发。本章在邓肯–张模型的基础上,基于 FISH 语言编写程序,将考虑应力速率的改进邓肯–张模型在 FLAC3D 中成功地进行了实现,对不同初始固结状态的土体开挖性状及边坡稳定性进行了研究。

7.3　边坡稳定分析方法

边坡稳定分析是一个古老而又复杂的课题。人们对于边坡稳定分析方法的研究也是经历了一个较为长期的历史阶段,发展至今,边坡稳定分析方法主要有极限平衡法、滑移线法、极限分析法、数值分析方法及近期发展的基于概率的各种模糊随机方法等。

极限平衡法是目前工程应用最为频繁的一种方法,通常也称为条分法。就其条分中各土条受力假设不同,主要有瑞典法、毕肖普法、杨布法、摩根斯坦法及莎尔玛法等。代表性的人物有 Fellenius、Bishop、Janbu、Morgenstern 等。极限平衡法虽有计算精度不足及刚体假设等缺点,但概念较为清晰,容易被工程人员理解和掌握,在工程应用中积累了丰富的经验,已被证明是分析边坡稳定性较为可靠的方法。

滑移线法根据平衡方程、屈服条件和应力边界条件求解塑性区的应力、位移速度的分布,最后获得极限荷载的方法。但该方法在岩土工程中应用时,有时其会存在静不定问题,同时也不考虑土的应力–应变关系等,故传统的滑移线理论应用较少。近年来,有学者将滑移线和有限元进行了结合,扩展了其应用范围。

极限分析法假设土体为服从流动法则的理想弹塑性材料,其目的是计算出其破坏荷载的上、下限,从而确定破坏荷载的范围。Drucker 证明了上、下限理论两种塑性理论。我国学者潘家铮也对其进行了深入的研究,提出了极大极小值原理并进行了工程应用和验证。Donald 和陈祖煜的研究表明,工程中常用的 Bishop、Morgenstern-Price 法偏于保守。

在条分法等统治土坡稳定性分析几十年后,20 世纪 60 年代以来,有限元法开始应用于土坡稳定性分析,为土坡稳定性分析提供了新的思路并取得了很大的进步。随着计算机软硬件和非线性计算方法的发展,有限元法、有限差分法主要形成了以下两种类型:一是将其与其他计算方法的计算结果与传统的极限平衡法相联系;二是直接计算方法,即强度折减法。一般来讲,有限元法、有限差分法等只能得到边坡的应力、位移等信息,而无法得到危险滑动面及边坡的安全系数。将强度折减法与计算机数值计算技术相结合后,即可获得相应指标,该强度折减系数易于利用数值方法来实现。郑颖人等利用有限元强度折减法对边坡稳定性、影响因素及边坡破坏机制进行了系统的研究和分析。FLAC 软件中具有运用有限差分法计算边坡稳定性系数的功能,能考虑边坡土体的非线性应力–应变关系及实现边坡变形中的大变形状态,适合于进行边坡稳定性的相关计算分析。

7.4　强度折减法

7.4.1　强度折减法的基本原理

强度折减法是将土的抗剪强度除以折减系数,用于数值计算分析。如果计算所得的土坡刚好达到破坏,则所选的折减系数就是安全系数,即安全系数为实际岩土体的抗剪强度与边坡达到破坏时的抗剪强度之比。

土的实际强度指标为 c 和 φ,假设试算所取的安全系数为 F_s,则折减强度为

$$\tau_s = \frac{\tau_f}{F_s} = \frac{\sigma\tan\varphi + c}{F_s} = \sigma\frac{\tan\varphi}{F_s} + \frac{c}{F_s} \tag{7-1}$$

令

$$\varphi_s = \arctan\frac{\tan\varphi}{F_s}, c_s = \frac{c}{F_s} \tag{7-2}$$

则

$$\tau_s = \sigma\tan\varphi_s + c_s \tag{7-3}$$

其中,参数 φ_s 和 c_s 为折减的强度指标,折减系数 F_s 即为安全系数,这与极限平衡分析法中安全系数的定义一致。强度折减法的要点是利用式(7-1)、式(7-2)调整强度指标 c 和 φ,然后对边坡进行数值分析计算,通过不断地增加折减系数 F_s,经过反复分析计算,直至边坡达到临界破坏状态,此时得到的折减系数即为边坡稳定安全系数。其优点为安全系数可以直接得到,无须事先假设滑动面的形状和位置。

7.4.2 边坡失稳判据

在应用强度逐渐法求取安全系数的过程中,一般认为,随着强度折减系数的逐渐增大,边坡土体的抗剪强度及其参数逐渐降低,塑性区从坡脚逐渐向上延伸;当强度折减系数增大到一定程度时,塑性区从坡脚至坡顶贯通,边坡内出现了连续滑动面,并且坡顶、水平位移和竖向位移急剧增大,边坡滑体整体向前和向下移动,标志着边坡失稳破坏的产生。但在数值分析过程中,边坡破坏是一个动态的演化过程,即依据什么标准,如何定义极限平衡状态是其中十分关键的问题,因为它直接关系到安全系数的获得。

目前,工程界对于边坡失稳主要有以下3种判据:①坡体和坡面位移出现突变并无限发展;②数值计算不收敛;③滑移面塑性区从坡脚贯通至坡顶。其中,对于有限元分析来讲,一般采用判据②作为失稳标准;判据①和判据③具有较为明显的物理意义,但判据③在具体应用中有时较难判断。殷宗泽等认为水平位移或沉降是一个反映边坡稳定性的重要变量,可以利用其作为失稳判据。本书采用判据①进行安全系数的计算,即水平位移出现突变并无限发展作为边坡失稳的条件。

7.5 边坡开挖数值计算

7.5.1 K_0 对开挖边坡变形的影响

固结状态对于土体边坡稳定性有一定的影响,Lo 和 Leo 在 1973 年即对该问题进行了相关研究。为进一步验证 K_0 固结状态对于坡体稳定性的影响,按照张鲁渝等的研究成果,多位学者均以其推荐模型尺寸进行了多种工况下的数值模拟分析,本书亦采用该模型尺寸建立平面应变网格模型(见图7-1)。

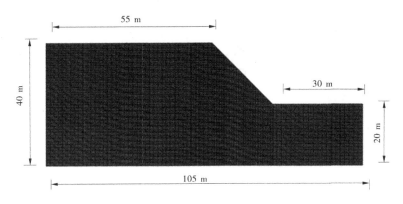

图 7-1 网格模型

本节主要考虑 K_0 对开挖边坡稳定性或变形的影响，K_0 分别取 0.5、1.0 和 2.0 进行计算分析，其中边坡一次开挖形成。为便于对比分析，采用邓肯-张本构模型和相同的力学参数(见表 7-1)进行数值计算分析。边界条件为下部固定，左右两侧水平约束，前后两端水平约束，上部自由边界。计算收敛准则采用不平衡比率(节点平均内力与最大不平衡力的比值)满足 10^{-5} 的求解要求。

表 7-1 模型计算参数

c/kPa	φ/(°)	R_f	K	n	G	F	D
20	30	0.75	200	0.38	0.3	0.01	1

应用 FLAC3D 软件对边坡计算结果如图 7-2~图 7-4 所示。

分别从剪应变速率和水平位移两个反映边坡稳定的参数进行分析，从中可以看出：

(1)剪应变速率是判断边坡薄弱部位的一个重要参数。就最大剪应变速率而言，随着 K_0 的增加，其最大剪应变速率呈先减小后增大趋势，即从 2.41×10^{-7}%/s 降至 1.53×10^{-7}%/s 后增至 4.30×10^{-7}%/s，即对于 K_0 固结边坡而言，在相同的强度参数下，等压固结状态下的土体开挖边坡后，其剪应变速率最小。

(2)就开挖后边坡的水平位移而言，其最大水平位移均发生在坡脚附近，并以此为圆心向周围减小；最大水平位移随着 K_0 的增大而增加，增幅与 K_0 相关。如 K_0 由 0.5 增加至 1，其水平位移的增幅不大(由 0.177 m 增至 0.188 m)，但 K_0 由 1 增至 2 时，其水平位移发生了大幅增加，从 0.188 m 增至 1.25 m，增加了约 7 倍。这也说明了初始固结状态水平力大于轴向应力时，不利于边坡稳定，该作用在开挖卸荷的外力作用下更加明显和突出。这也从侧面反映了膨胀土边坡开挖时容易产生垮塌的原因。

可以清楚地看到，土体的固结状态对于边坡稳定性影响较大，这种现象在数值模拟中得到了很好的实现，同时也说明了数值计算方法用于分析不同初始固结状态边坡稳定性的合理性和有效性。

7.5.2 不同卸荷速率下的膨胀土边坡稳定性

为考虑卸荷速率对边坡变形及安全系数的影响，在邓肯-张双曲线模型的基础上，基

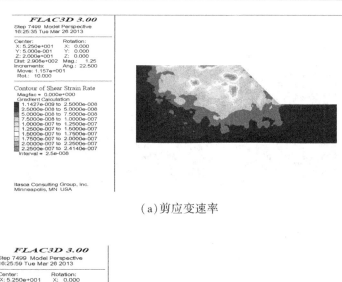

（a）剪应变速率

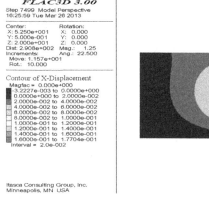

（b）水平位移

图 7-2　$K_0 = 0.5$ 时开挖边坡的计算结果

于改进邓肯–张双曲线模型参数与速率及围压的相关关系,将其在 FLAC3D 二次开发平台上利用其自带的 FISH 语言进行了二次开发,并在 FLAC3D 中成功实现。

现以改进的邓肯–张模型及第 2 章所得不同速率下的强度参数为基础 , 研究等压固

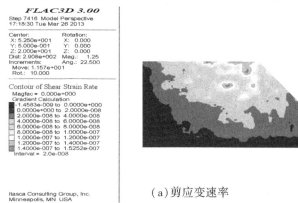

（a）剪应变速率

图 7-3　$K_0 = 1$ 时开挖边坡的计算结果

（b）水平位移

续图 7-3

（a）剪应变速率

（b）水平位移

图 7-4　$K_0 = 2$ 时开挖边坡的计算结果

结和 K_0 固结时不同卸荷速率下的膨胀土边坡稳定性。模型采用坡高 10 m、坡比为 1:1 的膨胀土边坡,其余尺寸同图 7-1,网格划分见图 7-5。边界条件同前述。同时,鉴于膨胀土在剪切过程中的应变局部化特征显著,采用屈服强度参数(c_y 和 φ_y)与破坏强度参数(c_f 和 φ_f)对膨胀土边坡稳定性的变化规律进行简单探讨。

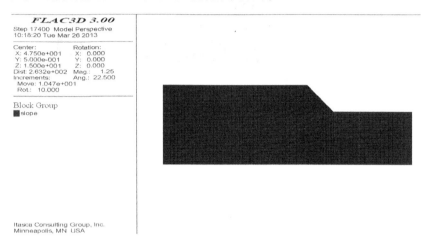

图 7-5　边坡网格划分

改进的双曲线模型参数分别为 R_f、c、φ、K_0、α、β 及 ν 七个参数,其中 c 与 φ 为试验所得参数,见第 2 章;α 和 β 为拟合参数,各卸荷路径下的拟合参数值见第 5 章;R_f 取 0.95;泊松比保持不变,取 $\nu=0.49$;K_0 根据土体固结状态分别为 1.0 和 1.5。下面以被动挤伸状态(K_0 固结和等压固结)为例进行开挖边坡变形及稳定性计算分析。

7.5.2.1　$K_0=1.5$ 时边坡水平位移计算结果

边坡在不同卸荷速率下的水平位移如图 7-6 和图 7-7 及表 7-2 所示。

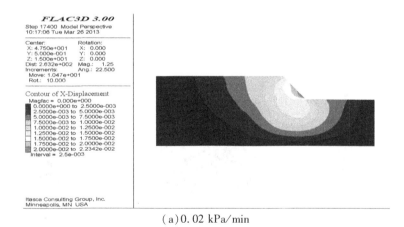

(a)0.02 kPa/min

图 7-6　破坏强度参数下不同卸荷速率下的边坡水平位移($K_0=1.5$)

（b）0.2 kPa/min

（c）2 kPa/min

续图 7-6

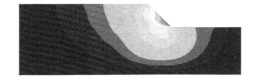

（a）0.02 kPa/min

图 7-7 屈服强度参数下不同卸荷速率下的边坡水平位移（$K_0 = 1.5$）

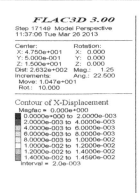

(b)0.2 kPa/min

(c)2 kPa/min

续图 7-7

表 7-2　最大剪应变速率与水平位移($K_0 = 1.5$)

固结方式	卸荷速率/(kPa/min)	最大剪应变速率/10^{-8}		最大水平位移/10^{-2}m	
		破坏强度参数	屈服强度参数	破坏强度参数	屈服强度参数
$K_0 = 1.5$	0.02	4.88	6.29	2.23	2.68
	0.2	3.28	3.60	1.47	1.46
	2	2.24	2.72	1.09	1.18

从图 7-6、图 7-7 及表 7-2 中可以看出：

(1)卸荷速率越小，最大水平位移越大，3 种卸荷速率下边坡的最大水平位移均为

10^{-2} m 这一数量级。以破坏强度参数为例,边坡最大水平位移从卸荷速率为 0.02 kPa/min 时的 0.022 3 m 降至卸荷速率为 2 kPa/min 时的 0.010 9 m,这说明卸荷速率对于边坡水平位移有一定的影响。

(2)对比破坏强度参数和屈服强度参数所得最大水平位移,可以看出,处于屈服强度参数时其水平位移较处于破坏强度参数时大。利用屈服强度参数进行边坡工程设计较利用破坏强度参数时趋于稳定。

(3)不论是何种卸荷速率,其开挖后边坡最大水平位移均出现在坡脚位置附近。在边坡开挖时需注意对坡脚进行防护。

7.5.2.2　$K_0 = 1.0$ 时边坡水平位移计算结果

边坡在不同卸荷速率下的水平位移如图 7-8、图 7-9 及表 7-3 所示。

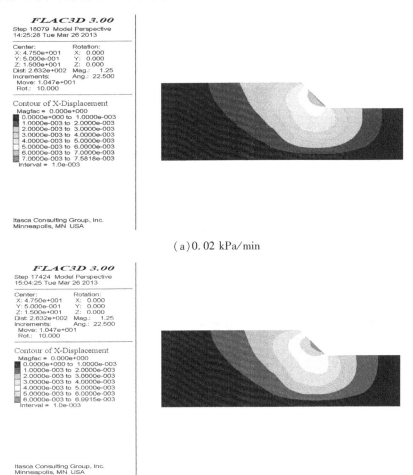

(a)0.02 kPa/min

(b)0.2 kPa/min

图 7-8　破坏强度参数下不同卸荷速率下的边坡水平位移($K_0 = 1$)

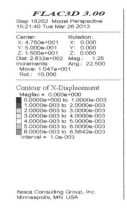

（c）2 kPa/min

续图7-8

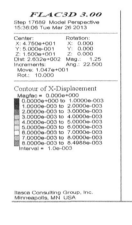

（a）0.02 kPa/min

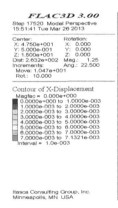

（b）0.2 kPa/min

图7-9　屈服强度参数下不同卸荷速率下的边坡水平位移（$K_0 = 1$）

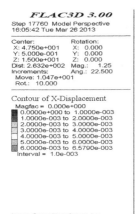

（c）2 kPa／min

续图 7-9

表 7-3　最大剪应变速率与水平位移（$K_0 = 1$）

固结方式	卸荷速率/（kPa／min）	最大剪应变速率/10^{-8}		最大水平位移/10^{-3}m	
		破坏强度参数	屈服强度参数	破坏强度参数	屈服强度参数
$K_0 = 1.0$	0.02	2.02	2.77	7.58	8.50
	0.2	1.54	1.55	6.99	7.13
	2	1.29	1.57	6.56	6.58

从表 7-3 中可以看出：

（1）边坡最大水平位移均随着卸荷速率的增大而减小，即其从卸荷速率为 0.02 kPa／min 增至 2 kPa／min 时，其最大水平位移从 0.007 58 m 降至 0.006 56 m。屈服强度参数时计算所得边坡最大水平位移均较破坏强度参数时稍小。此外，边坡开挖后，其最大水平位移均在坡脚附近。

（2）对比表 7-2 和表 7-3 可以发现，相同卸荷速率下，$K_0 = 1.0$ 时其最大剪切应变速率与最大水平位移均较 $K_0 = 1.5$ 时有不同程度的减小。以最大水平位移为例，卸荷速率为 0.02 kPa／min 时，以破坏强度参数所得最大水平位移在 $K_0 = 1.5$ 和 $K_0 = 1.0$ 时分别为 0.022 3 m 和 0.007 58 m，相差较为显著。对于膨胀土边坡而言，以等压固结所得力学参数进行边坡稳定性分析偏于安全，应考虑其初始超固结应力对膨胀土边坡开挖的影响。

7.5.3　安全系数

从表 7-4 可以看出，相同高度边坡的安全系数与卸荷速率及路径密切相关，利用破坏强度参数和屈服强度参数会得到不同的安全系数。

表 7-4　不同卸荷路径及卸荷速率下的安全系数

固结方式	剪切路径	剪切速率	F_s	
			破坏强度参数	屈服强度参数
$K_0 = 1.5$	被动压缩	0.02 kPa/min	1.65	1.35
		0.2 kPa/min	1.95	1.61
		2 kPa/min	2.12	1.79
	被动挤伸	0.02 kPa/min	1.28	1.21
		0.2 kPa/min	1.49	1.46
		2 kPa/min	1.71	1.50
$K_0 = 1.0$	被动压缩	0.02 kPa/min	1.64	1.47
		0.2 kPa/min	1.84	1.64
		2 kPa/min	1.98	1.82
	被动挤伸	0.02 kPa/min	1.44	1.22
		0.2 kPa/min	1.64	1.50
		2 kPa/min	1.79	1.68
	主动压缩	0.073 mm/min	2.04	—

相同固结方式下,无论是以破坏强度参数还是以屈服强度参数进行计算,被动压缩路径所得安全系数较被动挤伸路径下的大。也就是说,边坡开挖时,路径的选择会对安全系数有一定的影响。如 K_0 固结,相同的卸荷速率(2 kPa/min)下,以破坏强度参数所得安全系数在被动压缩路径和被动挤伸路径下分别为 2.12 和 1.71,相差较大。相同卸荷路径下,卸荷速率越大,其安全系数越大,这在被动压缩路径和被动挤伸路径下的表现一致,对于边坡开挖应充分利用该特点。

在相同卸荷路径及卸荷速率下,对比等压固结和 K_0 固结时的安全系数可以发现,以破坏强度参数所得安全系数在被动压缩路径下 K_0 固结时较大,在被动挤伸路径时则与卸荷速率相耦合。而以屈服强度参数所得安全系数在各卸荷路径下变化规律基本一致,但总体上以等压固结所得安全系数偏大。

以破坏强度参数和以剪切带理论获得的屈服强度参数进行边坡稳定性分析,相同高度边坡在相同的卸荷路径及卸荷速率下,其安全系数有所不同,破坏强度参数所得边坡安全系数较屈服强度参数下的大。由第 2 章所得试验结果可知,在偏应力大于屈服应力后,偏应力小幅增加即可产生较大的轴向应变,即在膨胀土边坡稳定性分析中利用破坏强度参数偏于危险,建议采用屈服强度参数进行边坡安全系数的计算。

工程中有时会采用常规三轴所得强度参数进行边坡稳定性分析。由表 7-4 可知,以常规三轴强度参数所得安全系数为 2.04,除被动压缩路径下卸荷速率为 2 kPa/min 时所得安全系数外,其余路径及速率下计算所得边坡安全系数均小于常规三轴压缩路径。也就是说,总体上来讲,在边坡卸荷工程中利用常规三轴强度参数所得边坡安全系数较大,偏于不安全。

总之,膨胀土边坡稳定性分析的影响因素较多,应综合考虑多种因素,从而得到合理的安全系数。

7.6　小　结

在第 5 章所得改进邓肯-张经验型模型的基础上,将其在 FLAC3D 平台进行二次开发,利用 FLAC3D 对不同卸荷速率及固结方式下的膨胀土边坡稳定性计算与分析,得到了以下结论:

(1)利用编写的改进邓肯-张模型,进行了考虑卸荷速率及初始固结状态的边坡稳定性分析。结果表明,K_0 对于边坡水平位移影响较大,其在 $K_0 = 1.0$ 时水平位移最小,但 $K_0 > 1$ 后其变形大幅增加。在相同卸荷路径下,卸荷速率越大,边坡开挖完成后的水平位移越小。

(2)各卸荷速率及固结方式下的边坡安全系数计算结果表明,相同固结方式时,利用破坏强度参数和屈服强度参数所得安全系数在被动压缩路径下较大;破坏强度参数所得安全系数较屈服强度参数时大,为防止剪切带的产生,建议采用屈服强度参数进行边坡稳定性分析;等压固结和 K_0 固结时利用破坏强度参数所得安全系数在被动压缩路径和被动挤伸路径下随固结方式的变化规律紊乱,而屈服强度参数所得安全系数总体上以等压固结时较大。

(3)对比卸荷路径与常规三轴加荷路径强度参数所得边坡安全系数 F_s 后发现,基于常规三轴强度参数所得安全系数较大,利用常规三轴加荷路径强度参数进行边坡卸荷工程稳定性分析偏于危险,这在工程设计中需引起注意。

第8章　结论与展望

8.1　结　论

（1）无论是等压固结还是 K_0 固结，被动压缩路径和被动挤伸路径下膨胀土的不排水剪切强度基本随应力速率增加而单调增加，其微观机制在于颗粒错动效应。引入应力速率参数 $\rho_{0.02}$ 后，应力速率每增加 10 倍，K_0 固结状态时被动压缩路径下的不排水强度增加约 5.62%，被动挤伸路径下其增加约 3.64%。应力速率对被动压缩路径下的影响较被动挤伸路径显著，在等压固结状态下亦表现为相同的规律。被动压缩路径和被动挤伸路径下，均表现为应力速率为 0.02 kPa/min 时孔隙水压力降幅最大；孔隙水压力降幅在被动挤伸路径下随应力速率的增加单调递减。

（2）超固结比和卸荷速率越大，相同轴向应变所对应的偏应力也越大。在被动压缩路径和被动挤伸路径时，超固结比和卸荷速率对于膨胀土的初始割线模量有显著影响，但表现规律不同。就卸荷损伤而言，对于正常固结和超固结土样，在相同极限偏应力（80 kPa）下，卸荷速率越大，卸荷完成增荷剪切所得不排水剪切强度越大，即其对于膨胀土的损伤效应越小。K_0 固结时膨胀土的卸荷损伤较等压固结时大，反映出超固结膨胀土边坡卸荷更易失稳。

（3）固结时间对于经历卸荷和未经历卸荷过程膨胀土不排水剪切强度的影响规律截然相反。卸荷比为 1 和 3 时，随着固结时间的增加，其不排水剪切强度呈减小趋势；而未经历卸荷过程的膨胀土，其不排水剪切强度随固结时间的增加单调增加。这在等压固结和 K_0 固结时变化规律相同，但固结时间对于 K_0 固结时强度变化幅度的影响大于等压固结。边坡开挖后的坡体强度会随着时间的增加而减小，边坡开挖后宜立即进行支护。

（4）膨胀土卸荷—应力状态重塑后的不排水剪切强大于应力状态重塑前，强度增幅与应力状态重塑前的卸荷幅度呈正相关关系，并以一维固结试验结果为基础进行了验证分析。在细观分析方面，CT 数的 ME 值及其方差 SD 值可以较好地定量地反映出膨胀土经历的加荷—卸荷—再加荷这一应力状态重塑过程。

（5）建立了改进邓肯-张模型参数与固结应力及应力速率的相关关系，以此得到了符合各自固结方式及剪切路径的改进邓肯-张应力-应变关系式，并对其进行了验证。利用 FLAC 自带的 FISH 语言将改进邓肯-张模型进行二次开发并实现后，进行膨胀土堑坡稳定性计算与分析。结果表明：K_0 对于边坡水平位移影响较大，且以 $K_0 > 1$ 后其变形大幅增加。

（6）为防止剪切带的产生，建议采用屈服强度参数进行边坡稳定性分析。等压固结和 K_0 固结时利用破坏强度参数所得安全系数在被动压缩路径和被动挤伸路径下的规律不同，而屈服强度参数所得安全系数总体上以等压固结时较大。以等压固结状态所得屈服强度参数进行边坡稳定性分析会偏于危险。

8.2　展　望

本书主要就饱和状态下膨胀土在一定的卸荷速率、卸荷路径及卸荷幅度下的力学特性进行了相关分析与研究,但由于膨胀土本身的复杂性及膨胀土边坡稳定性的影响因素较多,因此还有许多问题值得探讨与进一步深化研究。

(1)超固结应力释放的等效模拟及其对膨胀土力学特性演化的影响机制。膨胀土特殊的应力历史造就了特殊的超固结性($K_0>1$)。目前,人们普遍认为膨胀土开挖过程中的应力释放会较一般黏土更加强烈,对边坡失稳起一定的促进作用。但目前对于超固结应力释放的模拟手段与真实应力释放状态等效方法等尚不明确,此外,与胀缩性和裂隙性相比,超固结膨胀土的卸荷力学性状如何,劣化及劣化程度、超固结这一促进因素对于边坡失稳的影响到底有多大,尚需突破。

(2)殷宗泽等提出,可以通过铺设土工膜等措施保持膨胀土含水率不变或小幅变化,这为膨胀土边坡防护提供了新的思路。在施工可控的前提下,对于膨胀土边坡而言,水位的变化、降雨入渗的影响及合理的边坡处理措施,会使部分土体长期处于接近饱和或饱和状态。同时开挖卸荷会对膨胀土结构产生一定扰动效应,研究卸荷扰动状态下饱和膨胀土性状的水化效应对于揭示膨胀土堑坡失稳机制具有一定的促进意义。同时,原位的边坡开挖卸荷及服役期间的边坡监测也十分重要。

参 考 文 献

[1] 孔令伟,陈正汉.特殊土与边坡技术发展综述[J].土木工程学报,2012,45(5):141-161.

[2] 包承纲.非饱和土的性状及膨胀土边坡稳定问题[J].岩土工程学报,2004,26(1):1-15.

[3] 郭熙灵,李青云,程展林,等.南水北调中线工程若干土力学问题研究[J].南水北调与水利科技,2008,6(1):35-37.

[4] 谭罗荣,孔令伟.特殊岩土工程土质学[M].北京:科学出版社,2006.

[5] 袁俊平.非饱和膨胀土的裂隙概化模型与边坡稳定研究[D].南京:河海大学,2003.

[6] 张颖钧.超固结裂隙粘土堑坡首次滑动的简捷估算[J].铁道学报,1998,20(1):95-102.

[7] Thomas C. Sheahan. An experimental study of the time-dependent undrained shear behavior of resedimented clay using automated stress path triaxial equipment[D]. Massachusetts:Massachusetts Institute of Technology, 1991.

[8] 陈宗基.Structure mechanics of clay[J].中国科学(A辑),1959,8:93-97.

[9] 谢宁,姚海明.土流变研究综述[J].云南工业大学学报,1999,15(1):52-56.

[10] 孙钧.岩土材料流变及工程应用[M].北京:中国建筑工业出版社,1999.

[11] 袁建新.土的弹粘塑性本构关系[J].岩土工程学报,1982,4(4):29-44.

[12] Taylor D W. Cylindrical compression research programme on stress-deformation and strength characteristic of soils[C]//Proceeding of 9th Progress Report to U. S. Army Corps of Engineering Waterways Experiment Station. Cambridge:Massachusetts Institute of Technology, 1943:1-20.

[13] Casagrande A, Wilson S D. Effect of rate of loading on the strength on clays and shales at constant water content[J].Geotechnique,1951,2(3):251-263.

[14] Skempton A W. Long term stability of clay slopes[J].Geotechnique,1964,14(2):77-101.

[15] Crawford C B. The influence of rate of strain on effective stresses in a sensitive clay[J]. American society for testing materials, Special Tech. , 1959(254):36-61.

[16] Akio Nakase, Takeshi Kamei. Influence of strain rate on undrained shear characteristics of K0-consolidated cohesive soils[J]. Soils and Foundations, 1986, 26(1):85-95.

[17] Richarson A M, Whitman R V. Observations on laboratory prepared lightly over- solidated specimens of kaolin[J]. Geotechnique, 1963,24(3):345-358.

[18] Berre T, Bjerrum L. Shear strength of normally consolidated clays[C]//Proc. of the 8th ICSMFE, 1973:139-49.

[19] Kimura T, Saitoh K. The influence of strain rate on pore pressure in consolidated undrained triaxial tests on cohesive soils[J]. Soils and Foundations, 1983,23(1):80-90.

[20] Sheahan T C, Ladd C C, Germaine J T. Rate-dependent undrained shear behavior of saturated clay[J]. Journal of Geotechnical engineering, 1996, 122(2):99-108.

[21] Zhu J G, Yin J H, Luk S T. Time dependent stress-strain behavior of soft Hong Kong marine deposits [J]. Journal of Geotechnical Testing, ASTM, 1999, 22(2):112-120.

[22] Zhou Cheng. Development of a new three-dimensional anisotropic elastic visco-plastic model for natural soft and applications in deformation analysis [D]. Hong Kong: The Hong Kong Polytechnic University,2004.

[23] Peuchen J, Mayne P W. Rate effects in vane shear testing[C] // Proceedings of the 6th International Conference on Offshore Site Investigation and Geotechnics Conference:Confronting New Challenges and

Sharing Knowledge. London, UK, 2007:187-194.

[24] Bjerrum L. Problems of soils mechanics and construction on soft clays and structurally unstable soils(collapsible, expansive and others)[C]// Proc. of the 8th Int. conf. on Soil Mechanics and Foundation Engineering. Mockba, 1973,2: 109-159.

[25] Alberro J, Santoyo E. Long term behavior of Mexico city clay[C]// Proc. of the 8th Int. conf. on Soil Mechanics and Foundation Engineering. Mockba, 1973,1: 1-9.

[26] Vaid Y P, Campanella R G. Time-dependent behavior of undisturbed clays[J]. Journal of the Geotechnical Engineering Division, ASCE, 1977,103(7): 693-709.

[27] Graham J, Crooks J H A, Bell A L. Time effects on the stress-strain behavior of natural soft clays[J]. Geotechnique,1983, 33(3):327-340.

[28] Lefebvre G, LeBoeuf D. Rate effects and cyclic loading of sensitive clays[J]. Journal of Geotechnical engineering,1987, 113(5):476-489.

[29] Kulhawy F H, Mayne P W. Manual of estimating soil properties for foundation design[R]. Palo Alto:Electric Power Research Institute,1990.

[30] Tang Jingpeng. Constitutive modeling of response of clays to varying loading rate[D]. North Dakota: North Dakota State of University,2002.

[31] Sorensen K, Baudet B, Simpson B. Influence of structure on the time dependent behaviour of a stiff sedimentary clay[J]. Geotechnique, 2007,57(1): 113-124.

[32] Bjerrum L, Simons N,Toblaa I. The effect of time on the shear strength of a soft marine clay[C]// Proc. Conf. on Earth Pressure Problems, 1958,1:148-158.

[33] Richardson A M. The relationship of effective stress-strain behavior of a saturated clay to the rate of strain [D]. Massachusetts:Massachusetts Institute of technology, 1963.

[34] Lefebvre G, Pfendler P. Strain rate and preshear effects in cyclic resistance of soft clay[J]. Journal of Geotechnical engineering, ASCE, 1996,122(1): 21.

[35] Zhu Jun-Gao. Experimental study and elastic visco-plastic modeling of the time dependent stress-strain behavior of Hong Kong marine deposits[D]. Hong Kong:The Hong Kong Polytechnic University, 1999.

[36] Benenetto H, Tatsuoka F. Small strain behavior of geomaterials: Modeling of strain rate effects[J]. Soils and Foundations, 1997,37(2):127-138.

[37] Fumio Tatsuoka. Inelastic deformation characteristics of geomaterial[C]// Soil stress-strain behavior: Measurement, modeling and analysis, geotechnical symposium in Roma. Edited by Hoe I. Ling et al. 2006:1-108.

[38] 姜洪伟,赵锡宏.剪切速率对各向异性不排水剪强度影响分析[J].同济大学学报(自然科学版), 1997,25(4):390-395.

[39] 李建中,彭芳乐.描述粘土粘塑性的新参数[J].岩石力学与工程学报,2005, 24(5):859-863.

[40] 高彦斌,汪中为.应变速率对粘土不排水抗剪强度的影响[J].岩石力学与工程学报,2005, 24 (S2):5779-5783.

[41] 蔡羽,孔令伟,郭爱国,等.剪应变率对湛江强结构性黏土力学性状的影响[J].岩土力学, 2006,27 (8):1235-1240.

[42] 王军,蔡袁强.初始剪应力与加荷速率耦合作用下饱和软黏土强度特性试验研究[J].岩石力学与 工程学报,2008,27(S2):3321-3327.

[43] 张冬梅,黄宏伟.不同应力历史条件下软黏土强度时效特性[J].同济大学学报(自然科学版), 2008,36(10):1320-1326.

[44] 孙涛,洪勇,栾茂田,等.采用环剪仪对超固结黏土抗剪强度特性的研究[J].岩土力学,2009,30 (7):2000-2004.

[45] 胡显明.不同剪切速率下碎石土滑坡滑带土残余强度特性研究[D].武汉:中国地质大学,2012.

[46] Vaid Y P, Robertson P K, Campanella R G. Strain rate behavior of Saint-Jean-Vianney clay[J]. Journal of Canadian Geotechnical, 1979,16:34-42.

[47] Jian-Hua Yin, Jun-Gao Zhu, James Graham. A new elastic viscoplastic model for time-dependent behaviour of normally and overconsolidated clays: theory and verification[J]. Canadian Geotechnical Journal, 2002, 39(1): 157-173.

[48] Fatin N,Altuhafi, Beatrice A,et al. On the time-dependent behaviour of glacial sediments:a geotechnical approach[J]. Quaternary Science Reviews, 2009,28: 693-707.

[49] Sauer E K, Misfeldt G A. Preconsolidation of cretaceous clays of the Western Interior Basin in southern Saskatchewan[C] // Proceedings of the 46th Annual Canadian Geotechnical Conference, Saskatoon, Sask. , 1993:27-29.

[50] Suzanne Powell J, Andy Take W,Greg Siemens,et al. Time-dependent be-haveiour of the Bearpaw Shale in oedometric loading and unloading[J]. Canadian Geotechnical Journal, 2012,49: 427-441.

[51] Singh A, Mitchell J K. General stress-strain-time function for soils[J]. Journal of soil mechanics and foundation division, ASCE, 1968,94(SM1):21-46.

[52] Duncan J M, Buchignani A L. Failure of underwater slope in San Francisco[J]. Journal of the soil mechanics and foundations division, ASCE, 1973, 99(SM9): 687-703.

[53] Tavenas F, Leroueil S, Rochelle P,et al. Creep behavior of an undisturbed lightly overconsolidated clay [J]. Journal of Canadian Geotechnical, 1978,15:402-423.

[54] Silva A J, Tian W M, Sadd M H, et al. Creep behavior of fine grained ocean sediments[C]// Computer methods and advances in geomechanics By Beer. Booker and Carter, 1991: 683-687.

[55] SchmertmannH. The mechanical aging of soils[J]. Journal of Geotechnical engineering, ASCE, 1991, 117(9):1288-1329.

[56] Tian W M, Silva A J, Veyera G E, et al. Drained creep of undisturbed cohesive marine sediments[J]. Journal of Canadian geotechnical, 1994,31: 841-855.

[57] Nicholson P G, Russell P W, Fujii C F. Soil creep and creep testing of highly weathered tropical soils [C] // Measuring and modeling time dependent soil behavior, Edit by T. C. Sheahan and V. N. Kaliakin, New York, 1996: 195-312.

[58] Mitchell J K. Practical problems from surprising soil behavior[J]. J. Geo-tech. Engrg. , ASCE, 1986, 112(3), 259-289.

[59] Mitchell J K, Solymar Z V. Time-dependent grain in freshly deposited or densified sand[J]. Journal of Geotechnical engineering, ASCE, 1984,110(11): 1559-1576.

[60] 桩基工程手册编写委员会.桩基工程手册[M].北京:中国建筑工业出版社,1996.

[61] 郑刚,任彦华.桩承载力时效对桩土相互作用及沉降的影响分析[J].岩土力学,2003, 24(1): 65-70.

[62] Daramola O. Effect of consolidation age on stiffness of sand[J]. Geotechnique, 1980,30(2): 213-216.

[63] Kazuya Yasuhara, Syunji Ue. Increase in undrained shear strength due to secondary com-pression[J]. Soils and Foundations, 1983,23(3):50-64.

[64] Skempton A W. Standard penetration test procedures and the effects in sands of over burden pressure, relative density, particle size, ageing and overconsolidation[J]. Geotechnique, 1986, 36(3):425-447.

［65］ Lade P V, Yamamuro J A, Bopp P A. Influence of time effects on instability of granular materials［J］. Computers and Geotechnics, 1997, 20(3/4):179-193.

［66］ Gananathan N. Partially drained response of sands［D］. M. A. Sc Thesis, The University of British Columbia, Vancouver, Canada. 2002.

［67］ Chun Kit Keith Lam. Effects of aging duration, stress ratio during aging and stress path on strss-strain behavior［D］. M. A. Sc Thesis, The University of British Columbia, Vancouver, Canada, 2003.

［68］ 梁燕,谢永利,刘保健.应力路径对黄土固结不排水剪强度的影响［J］.岩土力学,2007,28 (2): 364-366.

［69］ 周健,王浩,蔡宏英.卸载对软土伸长强度的影响分析［J］.同济大学学报,2002,30(11): 1285-1289.

［70］ 徐浩峰.软土深基坑工程时间效应研究［D］.杭州:浙江大学,2003.

［71］ Wroth C P. Some aspects of the elastic behaviour of overconsolidated clay［C］//Parry R H G, ed. Stress-strain Behaviour of Soils (Roscoe Memorial Symp). Oxfordshire: Foulis, 1971: 347-361.

［72］ Nadarajah V. Stress-strain properties of lightly overconsolidated clays［D］. Cambridge: University of Cambridge, 1973.

［73］ Amerasinghe S F, Parry R H G. Anisotropy in heavily overconsolidated kaolin［J］. Journal of Geotech. Engrg. Div., ASCE, 1975, 101(12):1277- 1293.

［74］ Pender M J. A model for the behaviour for overconsolidated soil［J］. Geotechnique, 1978, 28(1): 1-25.

［75］ Dafalias Y F. Bounding surface plasticity I: Mathematical formulation and hypoplasticity［J］. Journal of Eng Mech, ASCE, 1986,112(9):966-985.

［76］ Asaoka A, Nakano M, Noda T. Elastoplastic behavior of structured overconsolidated soils［J］. Journal of Appl Mech, JSCE, 2000(3): 335-342.

［77］ Nakai T, Hinokio M. A simple elastoplastic model for normally and overconsolidated soils with unified material parameters［J］. Soils and Foundations, 2004, 44(2): 53-70.

［78］ 沈珠江,邓刚.超固结粘土的二元介质模型［J］.岩土力学,2003,24(4):495-499.

［79］ 姚仰平,侯伟,周桉楠.基于 Hvorslev 面的超固结土本构模型［J］.中国科学,E 辑(技术科学), 2007,37(11):1417-1429.

［80］ 姚仰平,侯伟. K_0 超固结土的统一硬化模型［J］.岩土工程学报,2008,30(3): 316-322.

［81］ 徐连民,祁德庆,高云开.用修正剑桥模型研究超固结土的变形特性［J］.水利学报,2008,39 (3): 313-317.

［82］ Dodd J S, Anderson H W. Tectonic stress and rock slope stability, stability of rock slopes［C］//Proceedings of the 13th Symposium on Rock Mechanics, ASCE,1972:171-182.

［83］ Joshi R P, Katti R K. Lateral pressure development under surcharges［C］//Proceedings of the 4th International Conference on Expansive Soils, Denver, CO, 1980:227-241.

［84］ Yang, Jane-Fu Jeff. Role of lateral stress in slope stability of stiff overconsolidated clays and clayshales ［D］.Iowa: Iowa State University, 1987.

［85］ Brackley I J A ,Sanders P J. In situ measurement of total natural horizontal stresses in an expansive clay ［J］. Gotechnique, 1992,42(2), 443-451.

［86］ Gyeong Take Hong. Earth pressures and deformations in civil infrastructure in expansive soils［D］. Texas:Texas A&M University,2008.

［87］ 王桢.裂土的超固结性及原位测试结果分析［J］.路基工程,1991(5):7-11.

[88] 陈义深.裂土地区挡土墙承受的土压力[J].路基工程,1988(6):20-23.

[89] 王秉勇.裂土地区挡土墙上承受的膨胀力分析[J].路基工程,1993(4):5-11.

[90] 卢再华,陈正汉.非饱和原状膨胀土的弹塑性损伤本构模型研究[J].岩土工程学报,2003, 25(4): 422-426.

[91] 陈善雄.膨胀土工程特性与处治技术研究[D].武汉:华中科技大学,2006.

[92] 潘宗俊.膨胀土公路路堑边坡工程性状研究[D].西安:长安大学,2006.

[93] 李振霞,王选仓,陈渊召,等.膨胀土的强度与力学特性[J].交通运输工程学报, 2008,8(5):54-60.

[94] 周葆春,孔令伟,郭爱国.不同水化状态下的压实膨胀土应力-应变-强度特征[J]. 岩土力学, 2012,33(3):641-651.

[95] Lo K Y, Lee C F. Stress analysis and slope stability in straining softening materials[J]. Geotechnique, 1973(23):1-11.

[96] 赵中秀,王小军.超固结状态下裂隙粘土的强度特性[J].中国铁道科学,1995,16(4): 56-62.

[97] Fredlund D G, Rahardjo H. Soil mechanics for unsaturated soils[M]. John Wiley & Sons INC, 1993.

[98] Ning Lu, Willianm J, Likos. Unsaturated soil mechanics[M]. New Jersey: John Wiley & Sons INC, 2004.

[99] 廖世文.膨胀土与铁路工程[M].北京:中国铁道出版社,1984.

[100] 殷宗泽,吕擎峰,袁俊平.膨胀土边坡的稳定性分析[C]//膨胀土处治理论、技术与实践.北京:人民交通出版社,2004:61-69.

[101] 廖济川.裂隙粘土现场抗剪强度的确定[J].岩土工程学报,1986,8(3):44-54.

[102] 廖济川,陶太江.膨胀土的工程特性对开挖边坡稳定性的影响[J].工程勘察,1994(4):18-22, 67.

[103] 陶太江,王志建,张家善.膨胀土的工程特性对开挖边坡稳定性的影响[J].安徽建筑工业学院学报(自然科学版),1994,2(2):15-22.

[104] 韩贝传,曲永新,张永双.裂隙型硬粘土的力学模型及其在边坡工程中的应用[J].工程地质学报, 2001,9(2):204-208.

[105] 詹良通,吴宏伟,包承纲,等.降雨入渗条件下非饱和膨胀土边坡原位监测[J].岩土力学, 2003, 24(2):151-158.

[106] 王文生,谢永利,梁军林.膨胀土路堑边坡的破坏型式和稳定性[J].长安大学学报(自然科学版),2005, 25(1):20-24.

[107] 吴礼舟,黄润秋,胡瑞林,等.膨胀土自然边坡吸力和饱和度量测[J].岩土工程学报,2005(3): 343-346.

[108] 缪伟,郑健龙,杨和平.基于现场监测的膨胀土边坡滑动破坏特性研究[J].中外公路,2007, 27 (6):1-3.

[109] 徐彬,殷宗泽,刘述丽.裂隙对膨胀土强度影响的试验研究[J].水利水电技术,2010,41(9): 100-104.

[110] 孔令伟,陈建斌,郭爱国,等.大气作用下膨胀土边坡的现场响应试验研究[J].岩土工程学报, 2007,29(7):1065-1073.

[111] 李雄威,孔令伟,郭爱国.膨胀土堑坡变形的湿热耦合效应及其与降雨历时的关系[J].公路交通科技,2009,26(7):1-6.

[112] 陈建斌,孔令伟,郭爱国,等.降雨蒸发条件下膨胀土边坡的变形特征研究[J].土木工程学报, 2007,40(11):70-77.

[113] Morgenstern N R. Slopes and excavations in heavily overconsolidated clays[C]// Proceedings of 9th In-

ternational Conference on Soil Mechanics and Foundation Engineering, Tokyo, 1977, 2:567-581.

[114] 李妥德. 裂隙粘土堑坡设计方法[J]. 岩土工程学报, 1990, 12(2):47-56.

[115] 姚海林, 郑少河, 陈守义. 考虑裂隙及雨水入渗影响的膨胀土边坡稳定性分析[J]. 岩土工程学报, 2001, 23(5):606-609.

[116] 姚海林, 郑少河, 葛修润, 等. 裂隙膨胀土边坡稳定性评价[J]. 岩石力学与工程学报, 2002, 21 (S2):2331-2335.

[117] 肖世国. 膨胀土堑坡稳定性分析[J]. 岩土力学, 2001, 22(2):152-155.

[118] 徐千军, 陆杨. 膨胀土边坡长期稳定性的一种研究途径[J]. 岩土力学, 2004, 25(S2):108-112.

[119] 王志伟. 裂隙性超固结粘土边坡渐进性破坏的有限差分模拟[D]. 武汉:中科院武汉岩土力学研究所, 2005.

[120] 陈建斌. 大气作用下膨胀土边坡的响应试验与灾变机理研究[D]. 武汉:中科院武汉岩土力学研究所, 2006.

[121] 李雄威. 膨胀土湿热耦合性状与路堑边坡防护机理研究[D]. 武汉:中科院武汉岩土力学研究所, 2008.

[122] 卢再华, 陈正汉, 方祥位, 等. 非饱和膨胀土的结构损伤模型及其在土坡多场耦合分析中的应用 [J]. 应用数学和力学, 2006, 27(7):781-788.

[123] 尹宏磊, 徐千军, 李仲奎. 膨胀变形对膨胀土边坡稳定性的影响[J]. 岩土力学, 2009, 30(8):2506-2510.

[124] 殷宗泽, 韦杰, 袁俊平. 膨胀土边坡的失稳机理及其加固[J]. 水利学报, 2010, 41(1):1-6.

[125] 廖济川. 硬粘土抗剪强度的研究现状[J]. 岩土工程学报, 1990, 12(4):89-99.

[126] 廖济川, 杨成斌. 硬粘土开挖边坡的位移场计算[J]. 合肥工业大学学报(自然科学版), 1990, 13 (3):31-37.

[127] 包承纲, 刘特洪. 河南南阳膨胀土的强度特性[J]. 长江科学院院报, 1980(2):1-8.

[128] 张永双, 曲永新, 周瑞光. 南水北调中线工程上第三系膨胀性硬粘土的工程地质特性研究[J]. 工程地质学报, 2002, 10(4):367-377.

[129] 李洪涛, 田微微, 王松江. 河南膨胀土分布及工程地质特性[J]. 工程勘察, 2010, 38(1):27-32.

[130] 黄光寿. 平顶山和南阳盆地膨胀土的工程地质特性[J]. 勘察科学技术, 1991(6):39-41.

[131] 谢定义, 陈存礼, 胡再强. 试验土工学[M]. 北京:高等教育出版社, 2011.

[132] 程玉梅. 卸荷粘性土体的静止土压力系数[J]. 中国港湾建设, 2000(4):32-34.

[133] 姜安龙, 郭云英, 高大钊. 静止土压力系数研究[J]. 岩土工程技术, 2003(6):354-359.

[134] 杨仲元. 超固结比对静止土压力系数的影响[J]. 工业建筑, 2006, 36(12):50-51, 59.

[135] 张诚厚. 开挖卸荷后土的不排水抗剪强度及静止侧压力系数的估算方法[J]. 水运工程, 1982 (12):16-19.

[136] Dalton J C P, Hawkins P G. Fields of Stress, some measurements of the in-situ stress in a meadow in the Cambridgeshire countryside[J]. Ground Engineering, 1982, 15(4):12-23.

[137] 龚晓南. 原状土的结构性及其对抗剪强度的影响[J]. 地基处理, 1999, 10(1):61-62.

[138] 曾玲玲, 陈晓平. 软土在不同应力路径下的力学特性分析[J]. 岩土力学, 2009, 30(5):1264-1270.

[139] 董建国, 李蓓. 黏性土剪切带的形成与其屈服的内在联系的探索[J]. 岩土力学, 2007, 28(5):851-854.

[140] 叶朝汉. 软土剪切带试验及应用研究[D]. 上海:同济大学, 2007.

[141] Brand E W, Brenner R P. 软黏土工程学[M]. 叶书麟, 宰金璋, 等, 译. 北京:中国铁道出版

社,1991.

[142] Vyalov S S. Rheological fundamentals of soil mechanics[M]. Amsterdem: Elsevier Science Pub. Co,1986.

[143] 王清,陈剑平,蒋惠忠.先期固结压力理论的新认识[J].长春地质学院学报,1996,26(1):59-63.

[144] 王国欣,肖树芳,周旺高.原状结构性土先期固结压力及结构强度的确定[J].岩土工程学报,2003,25(2):249-251.

[145] Surachat Sambhandharaksa. Stress-strain-strength anisotropy of varved clays[D]. Boston: Massachusetts institute of technology,1977.

[146] 殷宗泽.土工原理[M].北京:中国水利水电出版社,2007.

[147] Smith P R. The yield of Bothkennar clay[J]. Geotechnique,1992,42(2): 257-274.

[148] Clayton C R I, Heymann G. Stiffness of geomaterials at very small strains[J]. Geotechnique , 2001, 51(3): 245-255.

[149] 施建勇,赵维炳,Lee Fouk-hou,等.软黏土的各向异性和小应变条件下的本构模型(ASM)[J].岩土力学, 2000, 21(3): 209-212.

[150] 王大雁,马巍,常小晓,等.深部人工冻土在小应变条件下的刚度特性[J].岩土力学,2006, 27(9):1447-1451.

[151] Takeshi Kamei, Akio Nakase. Undrained shear strength anisotropy of K0-overconsolidated cohesive soils [J]. Soils and Foundations, 1989,29(3):145-151.

[152] 陈正汉,卢再华,蒲毅彬.非饱和土三轴仪的CT机配套及其应用[J].岩土工程学报,2001, 23(4): 387-392.

[153] 汪时机,韩毅,李贤,等.圆柱孔破损膨胀土强度和变形特性的CT-三轴试验研究[J].岩土力学, 2013(10): 2763-2768.

[154] 雷胜友,许瑛.膨胀土损伤增量规律试验研究[J].铁道科学与工程学报,2005,2(4):6-10.

[155] 胡波,龚壁卫,程展林.南阳膨胀土裂隙面强度试验研究[J].岩土力学,2012,3(10):246-248.

[156] 李晶晶.膨胀土力学性状的原位响应特征与应力历史效应[D].武汉:中国科学院武汉岩土力学研究所,2017.

[157] 赵二平.开挖卸荷和水入渗对膨胀岩工程特性的影响研究[D].武汉:武汉大学,2012.

[158] 杨守华,魏汝龙.土样扰动对正常固结粘土强度及压缩特性的影响[J].水利水运科学研究,1992(1):73-83.

[159] 沈珠江.结构性粘土的堆砌体模型[J].岩土力学,2000, 21(1):1-4.

[160] Kazuya Yasuhara, Syunji Ue. Increase in undrained shear strength due to secondary compression[J]. Soils and Foundations, 1983,23(3):50-64.

[161] Skempton A W. Standard penetration test procedures and the effects in sands of over burden pressure, relative density, particle size, ageing and overconsolidation[J]. Geotechnique, 1986, 36 (3): 425-447.

[162] 何世秀,韩高升,庄心善,等.基坑开挖卸荷土体变形的试验研究[J].岩土力学,2003,24(1): 17-20.

[163] 殷德顺,王保田,王云涛.不同应力路径下的邓肯-张模型模量公式[J].岩土工程学报,2007, 29(9):1380-1385.

[164] 刘祖德.土的抗剪强度的取值标准问题[J].岩土工程学报,1987,9(2):11-19.

[165] 罗嗣海,黄松华,胡火旺.固结不排水剪总应力强度指标的几点讨论[J].岩土力学,1999, 20(4): 36-41.

[166] Jiang M J. Microscopic analysis of shear band in structured clay[J]. Chinese Journal of Geotechnical Engineering, 1998, 20(2): 102-107.

[167] 程展林, 龚壁卫. 膨胀土边坡[M]. 北京: 科学出版社, 2015.

[168] Delage P, Marcial D, Cui Y J, et al. Ageing effects in a compacted bentonite: a microstructure approach[J]. Géotechnique, 2006, 56(5): 291-304.

[169] 蔡鑫. 南阳膨胀土的持水特性及边坡稳定性分析[D]. 郑州: 中原工学院, 2017.

[170] Leonards G A, Ramiah B K. Time effects in the consolidation of clays[J]. Journal of Soil Mechanics and Foundations, Division, 1964, 90: 116-130.

[171] Kirkpatrick W M, Khan A J. The reaction of clays to sampling stress relief[J]. Geotechnique, 1984, 34(1):29-42.

[172] 王国体. 应力重塑方法及其工程实现[J]. 岩土工程学报, 2003, 25(6):750-753.

[173] 王国体, 赖焕枫, 陈登伟. 边坡支护应力重塑方法的数值模拟[J]. 岩土工程学报, 2005, 27(6): 729-732.

[174] 王子辉, 张雪东. 关于"应力重塑方法及其工程实现"的讨论[J]. 岩土工程学报, 2004(2): 302-303.

[175] 葛修润, 任建喜, 蒲毅彬, 等. 岩土损伤力学宏细观试验研究[M]. 北京:科学出版社, 2004.

[176] Zeng Y, Gantzer G J, Peyton R L, et al. Fractal Dimension and Lacunarity Determined with X-ray Computed Tomography[J]. Soil Sci. Am. J. , 1996, 60: 1718-1724.

[177] 冯杰, 郝振纯. CT 扫描确定土壤大空隙分布[J]. 水科学进展, 2002, 13(9): 611-617.

[178] 蒲毅彬, 陈万业, 廖全荣. 陇东黄土湿陷过程的 CT 结构变化研究[J]. 岩土工程学报, 2000, 22(1): 49-54.

[179] 谢定义, 齐吉琳. 土的结构性及其定量化参数研究的新途径[J]. 岩土工程学报, 1999, 21(6): 651-656.

[180] 施斌, 姜洪涛. 在外力作用下土体内部裂隙发育过程的 CT 研究[J]. 岩土工程学报, 2000, 22(5): 537-541.

[181] 卢再华, 陈正汉, 蒲毅彬. 原状膨胀土损伤演化的三轴 CT 试验研究[J]. 水利学报, 2002(6): 106-112.

[182] 陈正汉, 孙树国, 方祥位, 等. 多功能土工三轴仪的研制及其应用[J]. 后勤工程学院学报, 2007, 23(4):1-5.

[183] 程展林, 左永振, 丁红顺. CT 技术在岩土试验中的应用研究[J]. 2011, 28(3): 33-38.

[184] 胡波, 龚壁卫, 程展林. 南阳膨胀土裂隙面强度试验研究[J]. 岩土力学, 2012, 33(10): 2942-2946.

[185] 雷胜友, 唐文栋, 王晓谋, 等. 原状黄土损伤破坏过程的 CT 扫描分析(Ⅱ)[J]. 铁道科学与工程学报, 2005, 2(1):51-56.

[186] 姚志华, 陈正汉, 黄雪峰, 等. 结构损伤对膨胀土屈服特性的影响[J]. 岩石力学与工程学报, 2010, 29(7):1503-1512.

[187] 卢再华, 陈正汉, 蒲毅彬. 膨胀土干湿循环胀缩裂隙演化的 CT 试验研究[J]. 岩土力学, 2002, 23(4):417-422.

[188] 雷胜友, 许瑛. 原状膨胀土三轴剪切过程的损伤力学特性[J]. 岩石力学与工程学报, 2004, 23(S1):4392-4395.

[189] 孙红, 葛修润, 牛富俊, 等. 上海粉质粘土的三轴 CT 实时细观试验[J]. 岩石力学与工程学报, 2005, 24(24):4559-4564.

[190] 方祥位, 申春妮, 陈正汉. 原状 Q2 黄土 CT 三轴浸水试验研究[J]. 土木工程学报, 2011, 44(10):

98-106.

[191] 谢云,陈正汉,李刚.考虑温度影响的重塑非饱和膨胀土非线性本构模型[J].岩土力学,2007,28(9):1937-1942.

[192] Gens A, Alonso E E. A framework for the behavior of unsaturated expansive clays[J]. Canadian Geotechnical Journal, 1992, 29:1013-1032.

[193] 尹振宇.天然软黏土的弹黏塑性本构模型:进展及发展[J].岩土工程学报,2011,33(9):1357-1369.

[194] Perzyna P. The constitutive equations for work hardening and rate sensitive plastic material[C]//Proc. of Vibrational problems, Warsaw, 1963,4(3):281-291.

[195] Leroueil S, Kabbaj M, Tavenas F, et al. Stress-strain-strain rate relation for the com- pressibility of sensitive natural clays[J]. Géotechnique, 1985, 35(2): 159-180.

[196] Nash D F T, Sills G C, Davison L R. One-dimensional consolidation testing of soft clay from Bothkennar[J]. Géotechnique, 1992, 42(2): 241-256.

[197] Wheller S J, NÄÄTÄNEN A, Karstunen M, et al. An anisotropic elasto-plastic model for soft clays[J]. Canadian Geotechnical Journal, 2003, 40(2): 403-418.

[198] Sheng D, Sloan S W, Yu H S. Aspects of finite element implementation of critical state models[J]. Computational Mechanics, 2000, 26: 185-196.

[199] Mesri G, Godlewski P M. Time and stress-compressibility interrelationship[J]. Journal of Geotechnical Engineering Division, ASCE, 1977,105(1):106-113.

[200] Samarsekera L. Nonlinear elastic stress-strain model for anisotropically consolidated clay[D]. M. A. Sc. thesis, University of British Columbia, Vancouver,B. C.,1981.

[201] Stark T D, Vettel J J. Effective stress hyperbolic stress-strain parameters for clay[J]. Geo-technical testing Journal, GTJODJ, 1991,14(2):146-156.

[202] Stark T D,Ebeling R M, Vettel J J. Hyperbolic stress-strain parameters for silts[J]. Journal of Geotechnical engineering,1994,120(2):420-441.

[203] Konder R L. Hyperbolic stress-strain response:cohesive soils[J]. Journal of the Soil Mechanics and Foundations Division (ASCE),1963,89(SM1):115-143.

[204] Duncan J M, Chang C Y. Nonlinear analysis of stress and strain in soils[C]//Proc. ASCE, JSMFD, 1970,96(SM5):1629-1633.

[205] Vaid Y P. Effec of consolidation history and stress path on hyperbolic stress-strain relations [J]. Canadian Geotechnical Journal,1985,22:172-176.

[206] 刘国彬,侯学渊.软土的卸荷应力-应变特性[J].地下工程与隧道,1997(2):16-23.

[207] 王钊,王俊奇,咸付生.万家寨引水隧洞成洞和运行的有限元分析[J].岩石力学与工程学报,2004,23(8):1257-1262.

[208] 梅国雄,陈浩,卢廷浩,等.坑侧土体卸荷的侧向应力-应变关系研究[J].岩石力学与工程学报,2010,29(S1):3108-3112.

[209] 陈善雄,凌平平,何世秀,等.粉质黏土卸荷变形特性试验研究[J].岩土力学,2007,28(12):2534-2538.

[210] 李蓓,赵锡宏.软土的非线性弹性卸荷损伤模型[J].同济大学学报(自然科学版),2005,33(6):737-741.

[211] Hsieh P G, Ou C Y. Analysis of nonlinear stress and strain in clay under the undrained condition[J]. Journal of Mechanics, 2011,27(2):201-213.

[212] 李广信.关于 Duncan 双曲线模型参数确定的若干错误做法[J].岩土工程学报, 1998,116.

[213] 李守德,张土乔,王保田,等.天然地基土在基坑开挖侧向卸荷过程中的模量计算[J].土木工程学报,2002, 35(5): 70-74.

[214] 龚文惠.公路膨胀土路基的沉降和边坡稳定性研究[D].武汉:华中科技大学, 2004.

[215] 陈育民,刘汉龙.邓肯-张本构模型在 FLAC3D 中的开发与实现[J].岩土力学, 2007,28(10): 2123-2126.

[216] 陈祖煜.土质边坡稳定分析——原理·方法·程序[M].北京:中国水利水电出版社,2003.

[217] 李广信. 高等土力学[M].北京:清华大学出版社,2004.

[218] 祝以文,吴春秋,蔡元奇.基于滑移线场理论的边坡滑裂面确定方法[J].岩石力学与工程学报, 2005,24(5):2609-2616.

[219] Drucker D C, Prager W. Extended limit design theorems for continuous media[J]. Quart. Appl. Math, 1951,9:381-389.

[220] Donald l, Chen Z Y. Slope stability analysis by upper bound approach: fundamentals and methods[J]. Canadian Geotechnical Journal, 1997, 34(6): 852-862.

[221] 陈祖煜.土力学经典问题的极限上、下限解[J].岩土工程学报,2002,24(1): 1-11.

[222] 赵杰.边坡稳定有限元分析方法中若干应用问题研究[D].大连:大连理工大学, 2006.

[223] 郑颖人,赵尚毅.有限元强度折减法在边坡稳定性分析中的应用[J].岩石力学与工程学报, 2004,23(19):3381-3388.

[224] 迟世春,关立军.基于强度折减的拉格朗日差分方法分析土坡稳定[J].岩土工程学报, 2004, 26(1):42-46.

[225] 黄润秋,许强. 显式拉格朗日差分分析在岩石边坡工程中的应用[J].岩石力学与工程学报, 1995,14(4): 346-353.

[226] 刘波,韩彦辉.FLAC 原理、实例与应用指南[M].北京:人民交通出版社,2005.

[227] 于沐,陈祖煜,王玉杰,等.用强度折减方法分析重力坝深层抗滑稳定性[J].水文地质工程地质, 2009(3):64-70.

[228] Zinenkiewicz O C, Humpheson C, Lewis R W. Associated and non-associated visco- plasticity and plasticity in soil mechanics[J]. Geotechnique,1975,25(4): 671-689.

[229] 宋二祥.土工结构安全系数的有限元计算[J].岩土工程学报,1997,19(2):1-7.

[230] Ugai K. A method of calculation of total factor of safety of slope by elasto-plastic FEM[J]. Soils and Foundations,1989,29(2):190-195.

[231] Dawson E M, Roth W H, Drescher A. Slope stability analysis by strength reduction[J]. Geotechnique, 1999,49(6):835-840.

[232] Matsui T, San K C. Finite element slope stability analysis by shear strength reduction technique[J]. Soils and Foundations, 1992,32(1):59-70.

[233] 栾茂田,武亚军,年廷凯.强度折减有限元法中边坡失稳的塑性区判据及其应用[J].防灾减灾工程学报,2003,23(3):1-8.

[234] 张鲁渝,郑颖人,赵尚毅,等.有限元强度折减系数法计算土坡稳定安全系数的精度研究[J].水利学报,2003(1):21-27.

[235] Bishop A W. Progressive failure with special reference to the mechanism causing it[C]//Proceedings of the Geotechnical Conference. Oslo:Norwegian Geotechnical Institute,1967:142-150.

[236] Fam M A, Dusseault M B. Effect of unloading duration on unconfined compressive strength[J]. Can. Geotech. J., 1999,36: 166-172.